日本の石炭産業遺産

文・写真／徳永博文

弦書房

日本の石炭産業遺産◉目次

《北海道》

《本州》

《九州・沖縄》

《解説》

はじめに

本書は、日本に残存する石炭産業遺産をまとめた本である。平成十年から平成二十二年まで現地を調査し、ほとんどの石炭産業に関する遺跡を把握することができたものと思っている。

日本では明治期から重工業が発展し、石炭産業が発展してきた。しかし、平成十四年度から石炭の国内での商業ベースでの産出がほとんどなくなり、今は、坑内掘り炭鉱は北海道釧路市の釧路コールマイン(株)釧路炭鉱が稼動しているのみである。それは海外炭と比較して国内炭がコスト高になったためである。ただ、高コストとなる坑内炭鉱は途絶えたものの、商業用の露天採掘は現在でも北海道で行われている。芦別工業(株)新旭炭鉱や平野重機鉱業(株)東芦別炭鉱、北菱産業埠頭(株)美唄炭鉱などでは、今なお石炭の採掘があり、発電用に供給されているが、ほとんど知られていない。

世界では、石炭採掘場所は中国・東南アジア・インド・オーストラリア・ニュージーランド・カナダ・米国・メキシコ・ロシア・ヨーロッパ・南アフリカなど全大陸に広がっている。これらの国々の採掘が盛んになるか、消滅していくかは今後の経済・環境問題と深くかかわってくるが、急激な減少はないと思われる。

現在の日本で使用される石炭を見てみると、おもに製鉄と火力発電に用いられている。そして、消費される一次エネルギー(平成十七年・資源エネルギー庁「総合エネルギー統計」)では、エネルギーを生み出すための資源は、原油・液化天然ガス・石炭などの化石資源や、原子力発電の燃料としてのウランなどの枯渇性エネルギーである。その供給においては全体の約四九%を占める石油に次いで、石炭が約二〇%の構成比をもっている。続いて、天然ガス(約一四%)、原子力(約一〇%)といった化石燃料が続き、その他は再生可能エネルギーである(水力、風力、太陽エネルギー、波力、地熱、バイオマスなどで約7%)。エネルギーの順序は昭和五十四年度からほとんど変わっていない(「エネルギー白書二〇一〇」によると、二〇〇八年(平成二十年)度には、石油(四一・九%)、石炭(二二・八%)、天然ガス(一八・六%)、原子力(一〇・四%)の割合となっている)。

さらに、日本が世界一の石炭輸入国であることはあまり知られていない。平成十九年の日本の石炭輸入量は約一億八〇〇〇万トンで世界一。総合エネルギー統計（平成十六年度版・資源エネルギー庁長官官房総合政策課）では、現在の日本の危惧されるエネルギー事情について、日本で供給されるエネルギーは拡大しており、石炭の利用は増え続けているのである。

たとえば、朝起きてすぐ部屋の電気をつけるとその九四％が輸入資源による発電となっていて、その電球が一〇個であるならそのうち二個が石炭による発電という状況なのである。生活の中ではスイッチ一つだけなので、私たちは火力発電所で石炭を燃焼させたときの独特の臭いも知らないし、煙も見ない、熱も感じない。つまり、現在の生活の中で、石炭のことなどを語っても実感は湧かない。この問題は食料自給率よりさらに根深いものかもしれない。

だからこそ石炭が今でも私たちの生活に切り離せないものということを、もっと知っておくべきだと感じ、自国の石炭について調べはじめた。「昔、日本では石炭を手に入れるためにどんなに苦労をしてきたのか」「国として、また庶民レベルで、どのように石炭が日本人の中に入り込んできたのか」を理解するために、近代の石炭産業遺産の巡見をしていくと、その近現代の遺産・遺跡が、地域を理解する上で大変重要であることが見えてきた。文化庁では平成二年度から近代化遺産調査に取り組んでいる。その動きとあいまって、平成十九、二十年度には、経済産業省が国内産業の近代化に大きく貢献した「近代化産業遺産群　三三ストーリー」「近代化産業遺産群　続三三」としてまとめているが、その中にも石炭産業遺産は存在する。

学術的には、石炭産業の技術史や労働史を中心として歴史的研究が行われてきたことがわかるが、これからは考古学的研究をしていくことも必要だと感じている。現在、石炭産業遺産が「地域活性化に役立つ近代化産業遺産」として、全国各地で認定を受けていることを考えれば、平成十六年に成立した国土交通省による新しい景観法の中でも、石炭産業遺産の活用を見出せるかもしれない。

また、石炭産業には繁栄と影の部分が見え隠れするが、近年はそのこと自体忘れ去ろうとしている事実もある。しかし、これらの近代化を推し進めた歴史については、紙媒体での記録だけではなく、遺産として残していく必要があると考える。たとえば労働者たちの痛切な思いも言葉だけで終わらせずに、遺構とともに事実を語り継ぐことに価値が見出せるのである。

今回の調査の中で、石炭産業遺産が壊されていく例がいくつかあったが、かつて栄えた場所に住居が整然と並んだり公園化されたりと、まったく違った用途に開発されているところも多かった。それとは逆に、自然に放置されて、また自然が再生され、その力強さに気づかされたところもあった。

　以上のことを感じながら、本書では現存する石炭産業遺産を自分の足で歩き、内容の確認できたものを写真で捉え、事実を記録している。読者の方々には、ここで掲載する石炭産業遺産によって「石炭」というものを知っていただき、重要な遺跡については、保存に賛同していただきたいと考える。そして、それらの遺産が、後世に伝承される一助になれば幸いである。

〔凡例〕

1　個々の説明にはまず番号を付し、遺跡名（単体と集合体の場合がある）を掲げるとともに、代表地の所在地を示した。

2　複数の遺跡説明となっているものは、小見出しで分けるなど考慮をしているが、構成上分けていない場合があるので了承いただきたい。

3　解説は、原則的に対象物件の歴史的背景と、石炭産業遺産としての価値について説明している。また、見所・ストーリー性について留意したが、デリケートな内容については割愛した。石炭産業遺産研究は歴史が浅く、資料も少ないため、あいまいな部分もある。内容について誤りがあれば、ご教示いただきたい。

4　年号は西暦と、その後に（元号）を付した。不確定な年号（複数いわれのあるものなど）については個人の判断で記入したため、ご教示いただければ幸いである。

5　本書に掲載した地図は、国土地理院の五万分の一図・二万五千分の一図を複製・縮小したものである。

6　項目選定の基準は、その石炭産業遺産が時代背景を物語るものとし、保存・活用されている遺産や、放置されている遺跡を選んだ。それらは地区別の一炭鉱ずつの項目としているが、特に記録しておきたいものを別項目としている。また、北海道の美唄については、同地域の別経営の違いを示すために三井と三菱に分けた。その他のものは、末尾の全国の石炭産業遺産一覧表（三二〇ヶ所）で紹介し、基礎情報として所在地・竣工年・指定などを示している。

7　タイトルに「旧」をつけているものは、現在ほかの施設として使われているものである。

8　「たんこう」の「こう」には、「鉱」・「坑」・「礦」・「砿」が使用されるが、本編では石炭鉱山（事業所）を「鉱」・1つの坑口のものを「坑」に統一し、「炭田」は石炭採掘地域を意味している。「砿」は「礦」の略字で、「鉱」は「礦」の書き換え字でもある。ただし、常磐炭田の「鉱」「坑」は古河好間鉱業所以外は「礦」とした。また、会社名はその字体に合わせた。

9　末尾に、本書で調査（情報収集含む）した際の参考文献と、参考にしたホームページ・ブログ一覧を掲載した。資料館一覧も掲載したので、現在の情報を収集する際の参考とされたい（参考にさせていただきました方々には心から感謝いたします）。

10　付録として炭鉱言葉、人物注、年表を掲載している。特に炭鉱の用語は独特のものが多く、人物も理解しづらいので、本書を読むうえでの参考とされたい。

11　石炭輸送機関として発展した鉄道関連遺跡は、その数も多く、項日としては除外している。

12　本書の執筆は徳永がおこない、写真については特に記載がない限り徳永が撮影したものを使用した。編集は弦書房の協力を得て徳永がおこない、北海道産業考古学会・常磐炭田史研究会・九州産業考古学会の方々に監修をお願いした。

全国の主要炭田地図

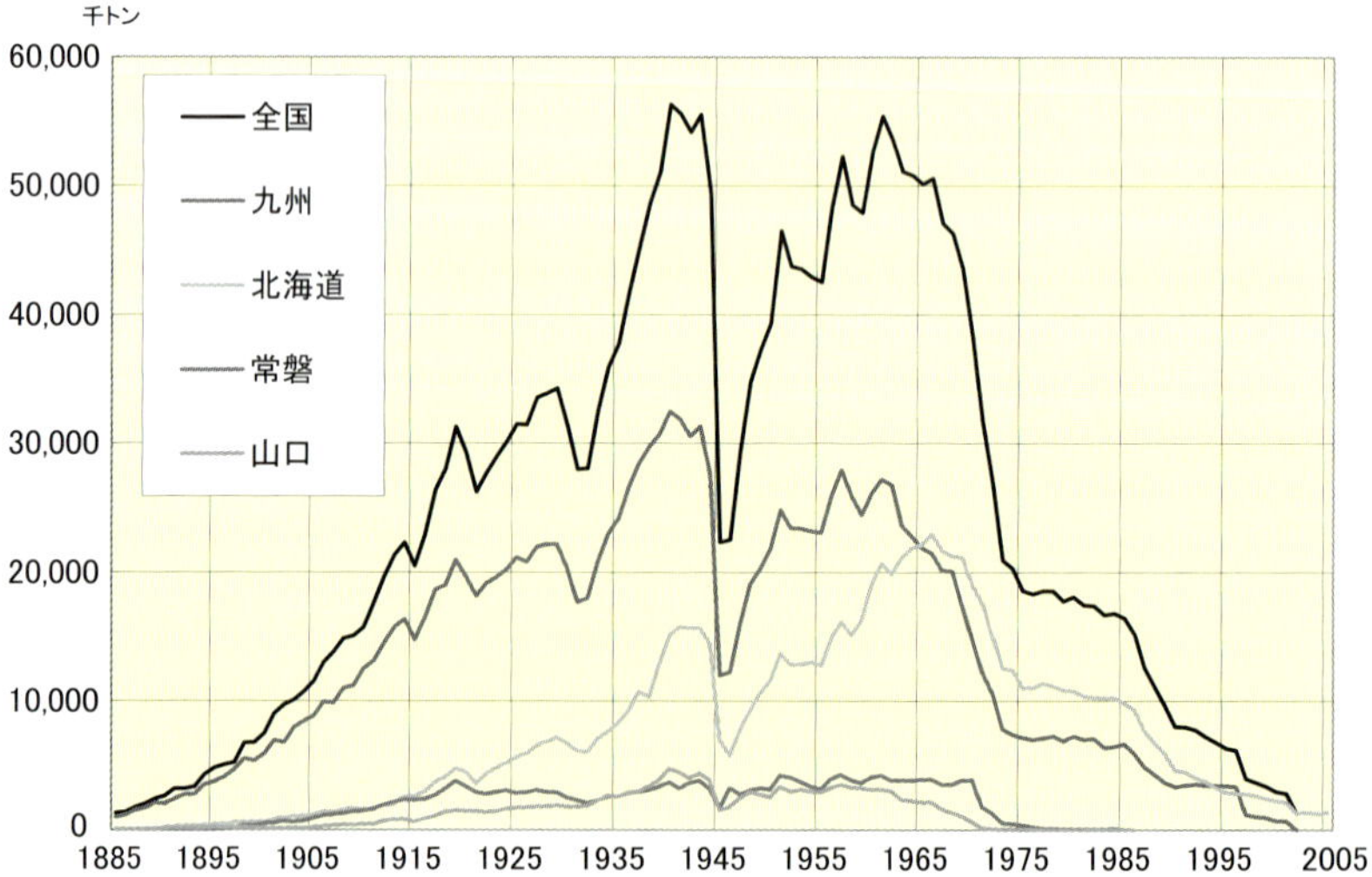

主炭田の石炭生産量
（「釧路炭田産炭史」㈳北海道産炭地域振興センター釧路産炭地域総合発展機構、などより作成）

〔20 万図「羽幌」「留萌」〕

炭鉱遺産分布図

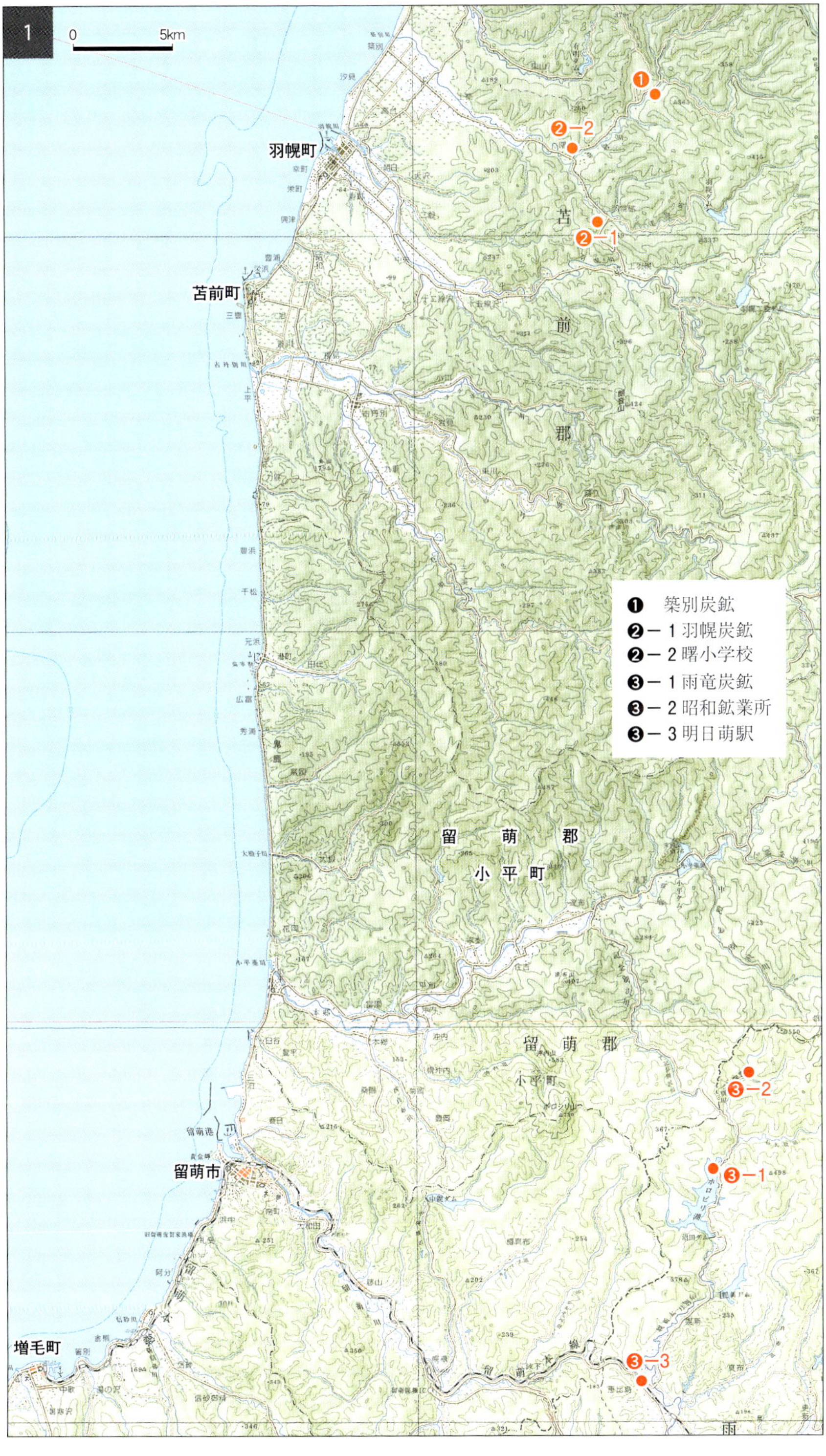

*白ヌキ番号は本文中の項目番号と同じ。

❹－１北海道人造石油滝川工場
❹－２滝川市郷土館
❺－１赤平炭鉱
❺－２赤間炭鉱選炭場
❻－１歌志内炭鉱
❻－２上歌砿会館
❼－１空知炭鉱
❼－２旧空知炭鉱倶楽部
❽　神威炭鉱
❾　砂川炭鉱
❿－１芦別炭鉱
❿－２頼城小学校
⓫　三菱美唄炭鉱
⓬－１三菱美唄記念館
⓬－２我路郵便局
⓬－３アルテピアッツァ美唄
⓬－４東明駅
⓬－５美唄鉱業所
⓬－６沼東小学校
⓭　三井美唄炭鉱住宅
⓮－１幾春別炭鉱
⓮－２三笠鉄道村
⓯－１幌内炭鉱（本沢）
⓯－２幌内炭鉱（唐松）
⓯－３幌内炭鉱（奔幌内）
⓯－４空知集治監
⓯－５幌内鉱業所長住宅
⓰－１奔別炭鉱
⓰－２住友型炭鉱住宅
⓱－１万字炭鉱
⓱－２北炭岩見沢工場

〔20万図「留萌」「旭川」〕

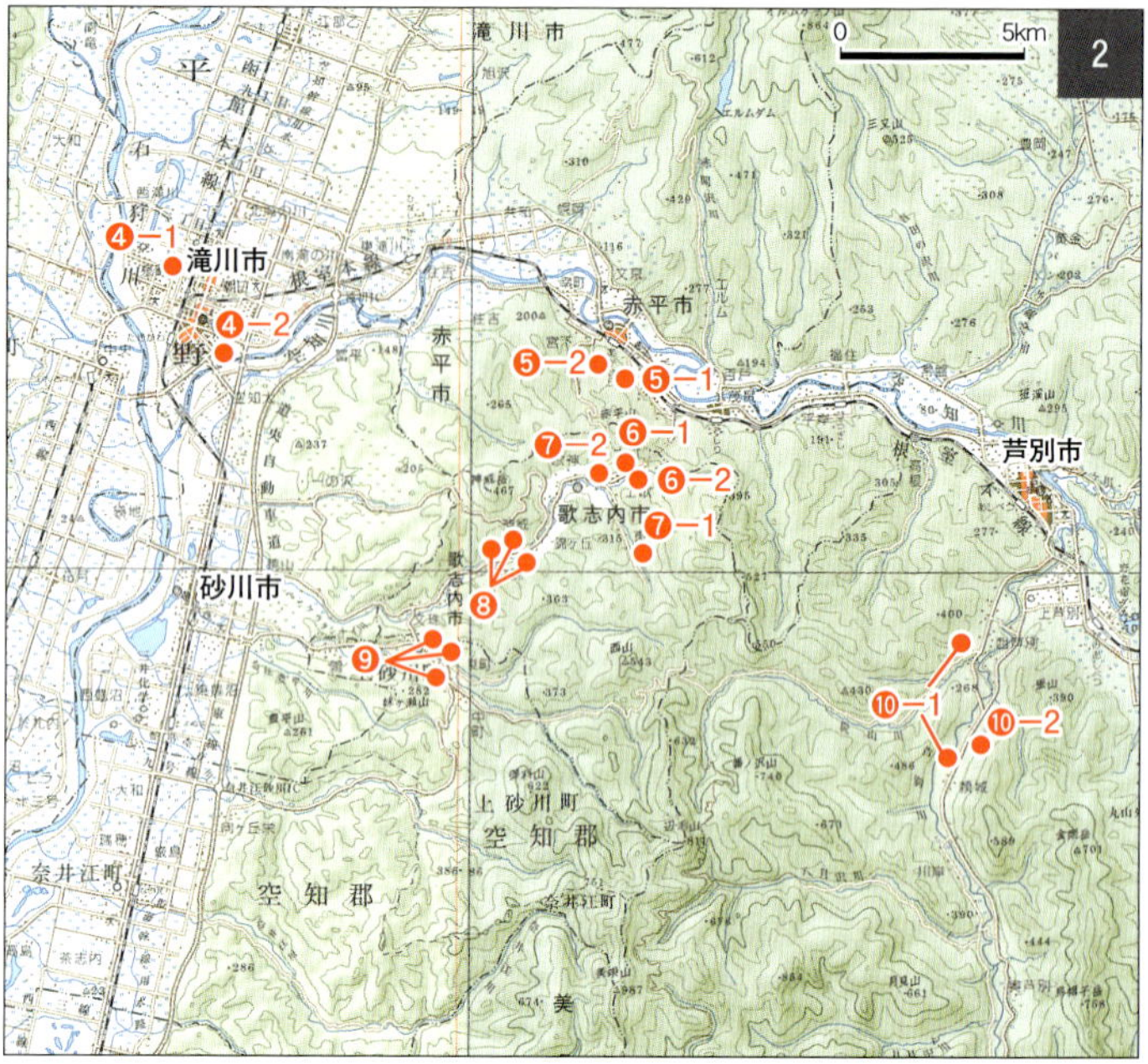

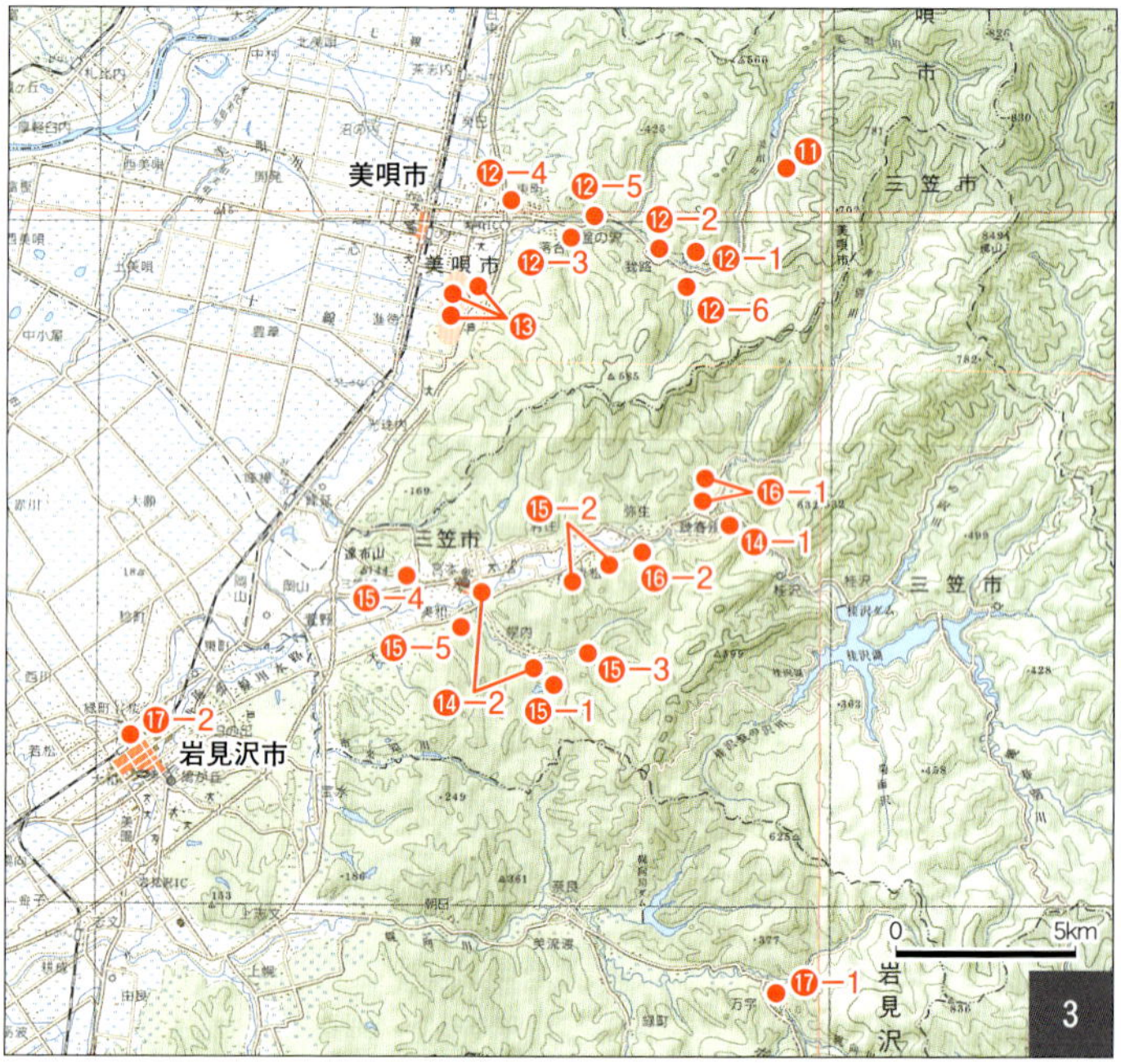

〔20万図「留萌」「札幌」「旭川」「夕張岳」〕

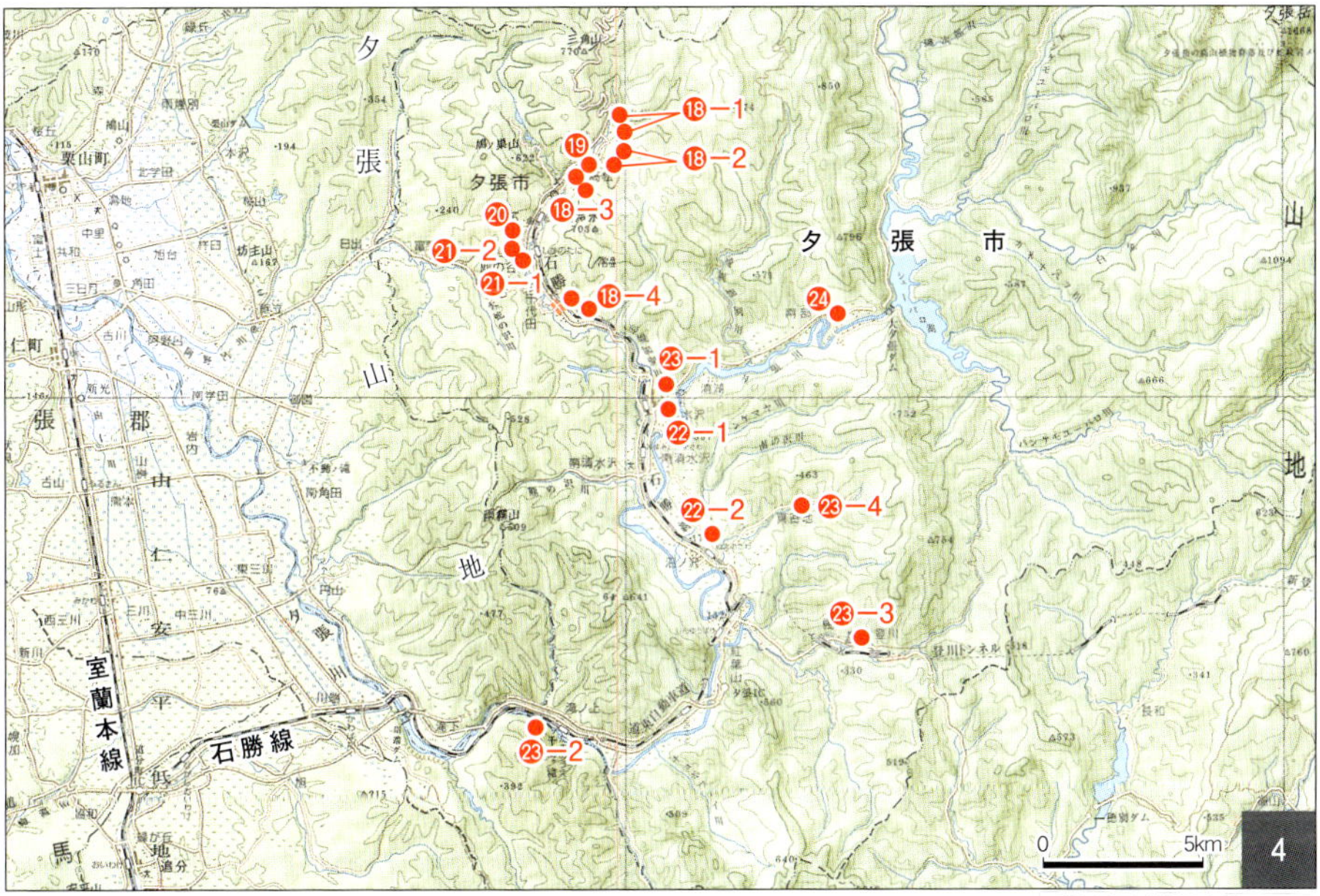

⑱−１夕張炭鉱（第一坑）
⑱−２夕張炭鉱（第二坑）
⑱−３夕張炭鉱（第三坑）
⑱−４夕張炭鉱（平和坑）
⑲　夕張市石炭博物館
⑳　末広地区墓地群
㉑−１北炭鹿ノ谷倶楽部
㉑−２夕張教会堂
㉒−１南大夕張炭鉱
㉒−２夕張新炭鉱
㉓−１清水沢火力発電所
㉓−２滝之上水力発電所
㉓−３楓鉱発電所（火力）
㉓−４真谷地炭鉱
㉔　大夕張鉄道南大夕張駅

〔20万図「札幌」「夕張岳」〕

〔20万図「札幌」〕

㉕−１手宮擁護壁
㉕−２小樽市総合博物館

〔20万図「帯広」「釧路」〕

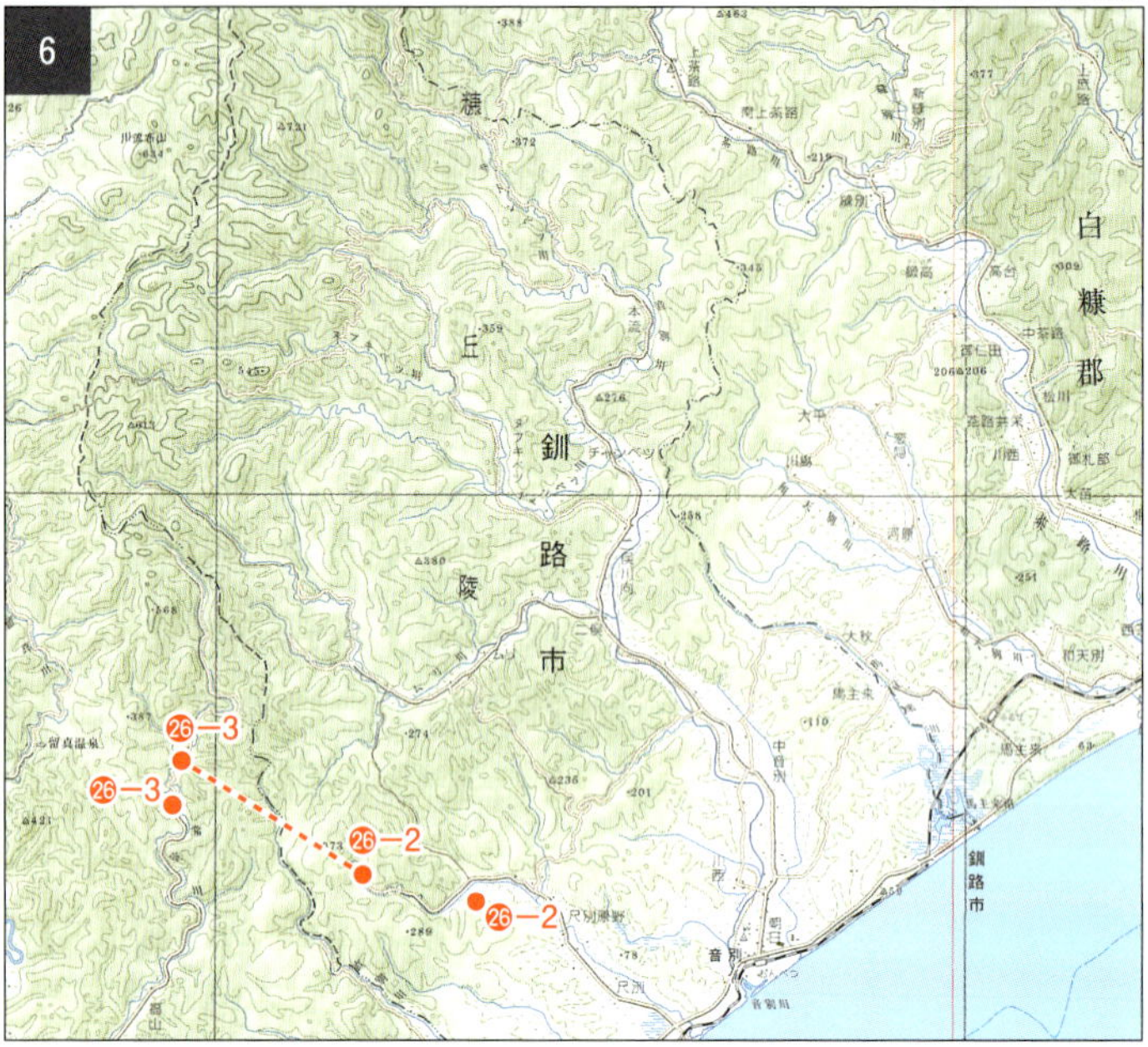

㉖−1 庶路炭鉱
㉖−2 尺別炭砿
㉖−3 浦幌炭砿
㉗ 雄別炭砿
㉘ 釧路炭鉱

〔20万図「釧路」〕

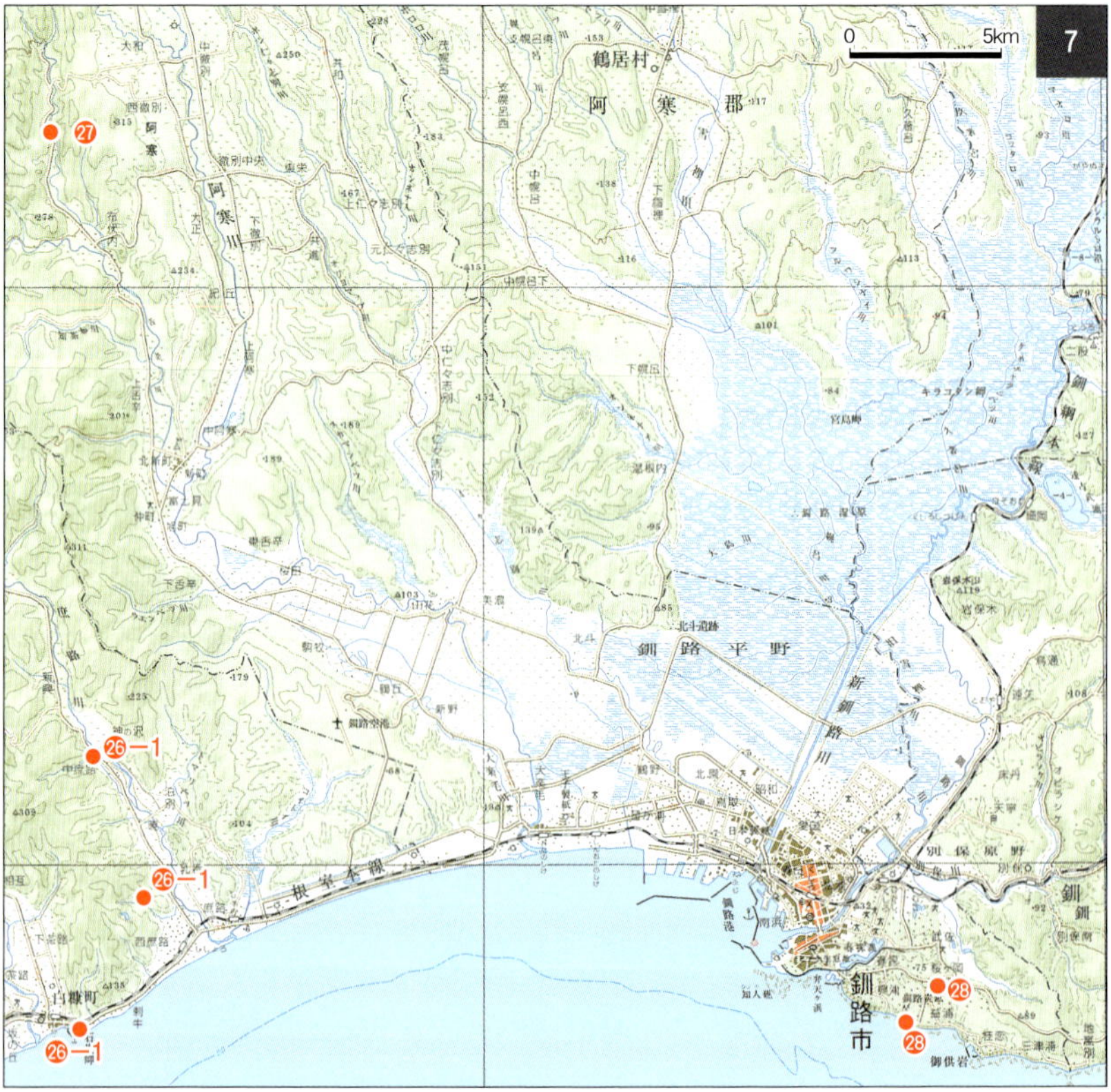

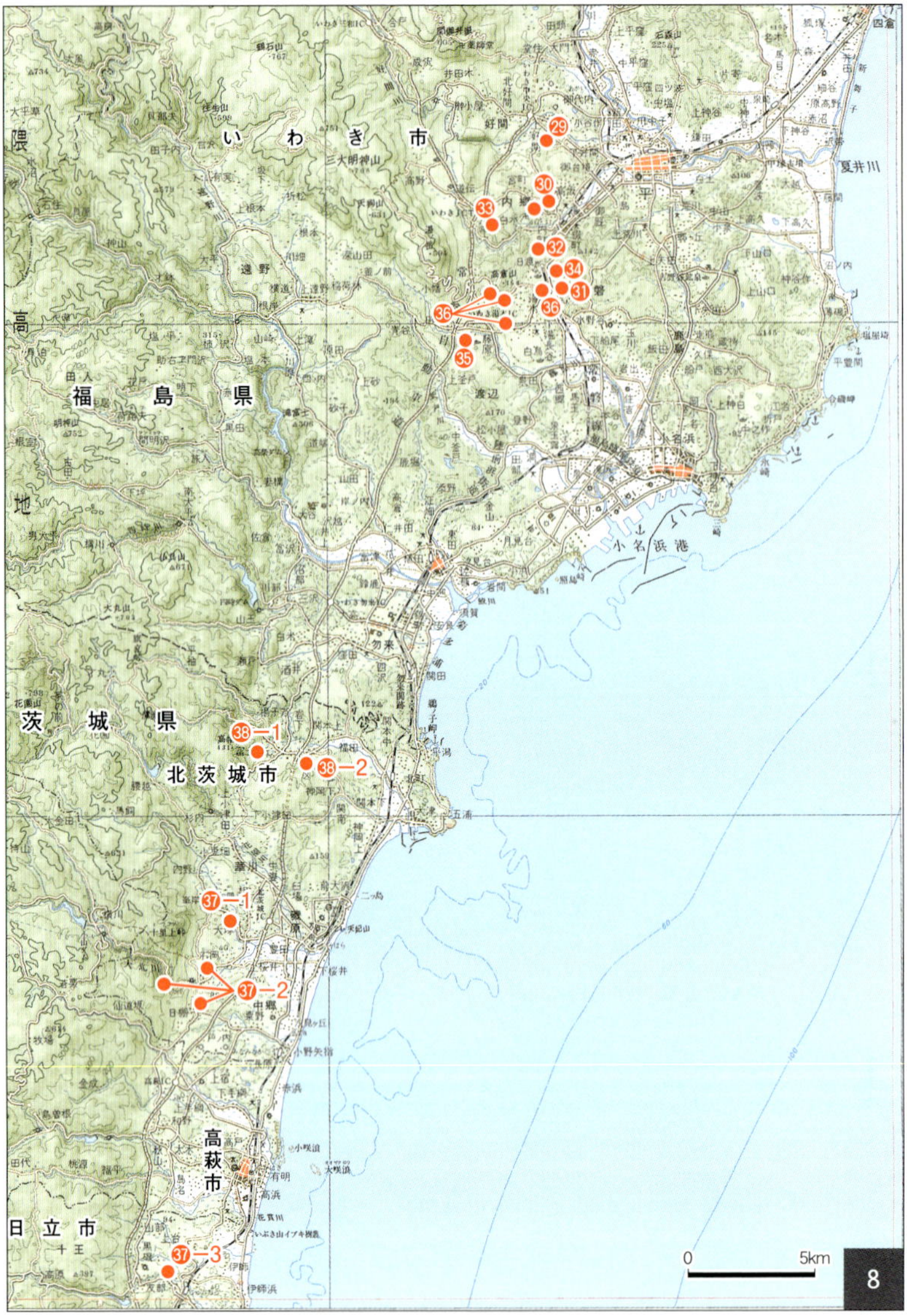

㉙ 古河好間炭鉱
㉚ 常磐炭礦内郷礦
㉛ いわき市石炭・化石館
㉜ 常磐炭礦綴礦
㉝ みろく沢石炭の道
㉞ 常磐炭礦湯本礦
㉟ 常磐ハワイアンセンター
㊱ 常磐炭礦磐崎礦
㊲－1 重内炭礦
㊲－2 常磐炭礦茨城礦業所中郷礦
㊲－3 高萩炭礦櫛形礦
㊳－1 大日本炭鉱勿来礦
㊳－2 常磐炭礦茨城鉱業所神ノ山礦

39－1 東京炭鉱
39－2 武蔵野炭鉱

〔20万図「東京」〕

40 山陽無煙鉱業所
41 美祢炭鉱
42－1 長生炭鉱
42－2 宇部市石炭記念館
43 渡辺翁記念会館
44－1 沖ノ山炭鉱
44－2 西沖ノ山鉱業所
44－3 本山炭鉱

〔次頁〕
45 若松石炭商同業組合
46－1 旧明治専門学校標本資料室
46－2 松本健次郎邸
47－1 堀川
47－2 折尾駅
48 十字架の塔
49 鞍手炭鉱
50 日尾炭鉱
51 大之浦炭鉱
52－1 筑豊石炭鉱業組合直方会議所
52－2 堀三太郎邸
52－3 筑豊高等学校
53－1 方城炭鉱
53－2 豊国炭鉱
53－3 鯰田炭鉱
54 赤池炭鉱
55 麻生太右衛門邸
56 伊藤伝右衛門邸
57－1 嘉穂劇場
57－2 二瀬炭鉱
58－1 飯塚炭鉱
58－2 仁保炭鉱
58－3 小鳥塚
59 忠隈炭鉱
60－1 山野鉱業所（鴨尾坑）
60－2 山野鉱業所（漆生坑）
60－3 山野鉱業所（小舟坑）
61 下山田炭鉱
62 田川鉱業所
63 田川市石炭・歴史博物館
64－1 大峰炭鉱
64－2 峰地炭鉱
64－3 豊洲炭鉱
65 蔵内次郎作・保房邸
66 宝珠山炭鉱

〔20万図「山口」「中津」〕

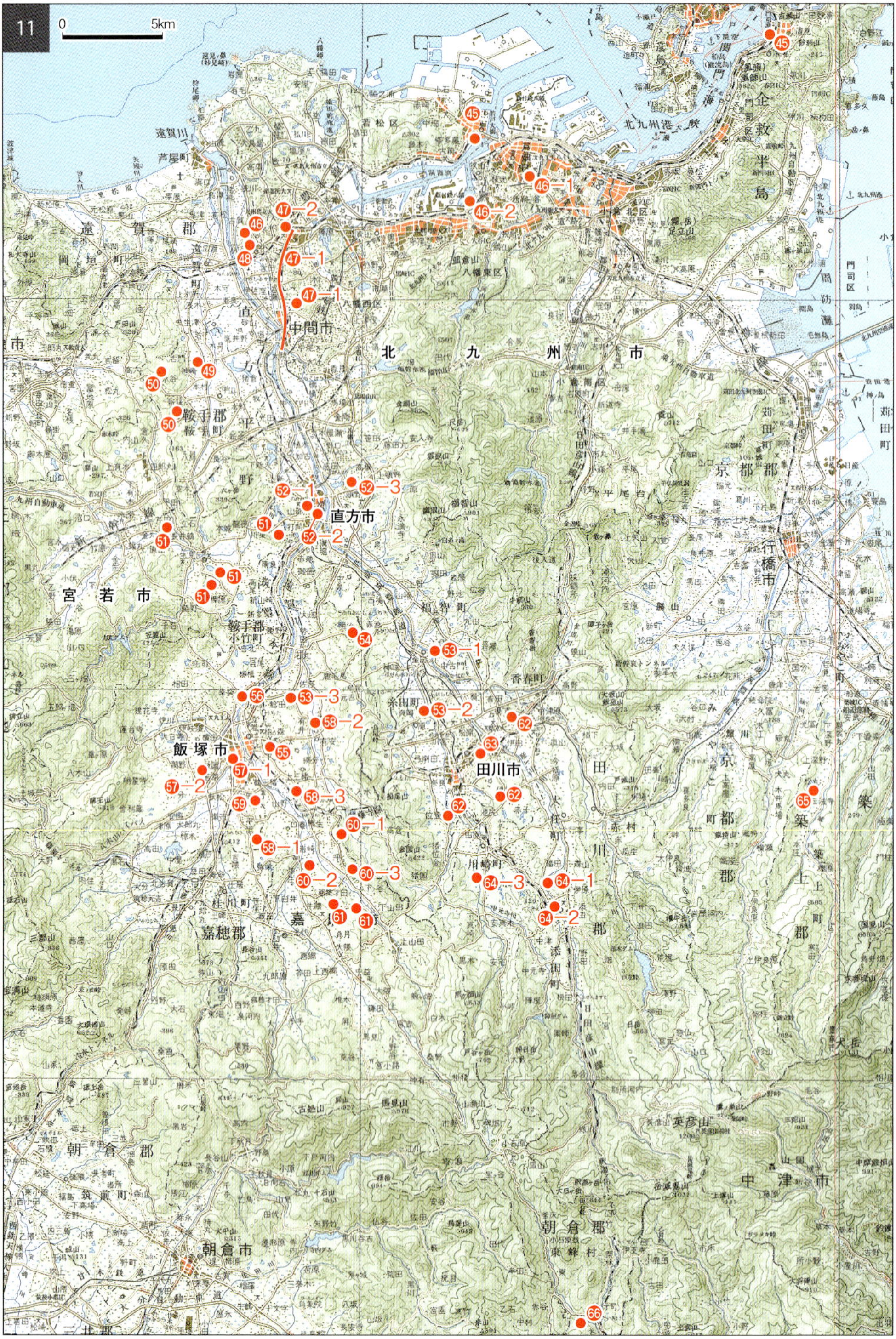
11
0
5km
北九州市
中間市
直方市
宮若市
飯塚市
田川市
行橋市
中津市
朝倉市
遠賀郡
鞍手郡
嘉穂郡
京都郡
田川郡
築上郡
朝倉郡
企救半島
45
46−1
46−2
46
47−1
47−2
48
49
50
51
52−1
52−2
52−3
53−1
53−2
53−3
54
55
56
57−1
57−2
58−1
58−2
58−3
59
60−1
60−2
60−3
61
62
63
64−1
64−2
64−3
65
66

〔20 万図「福岡」〕

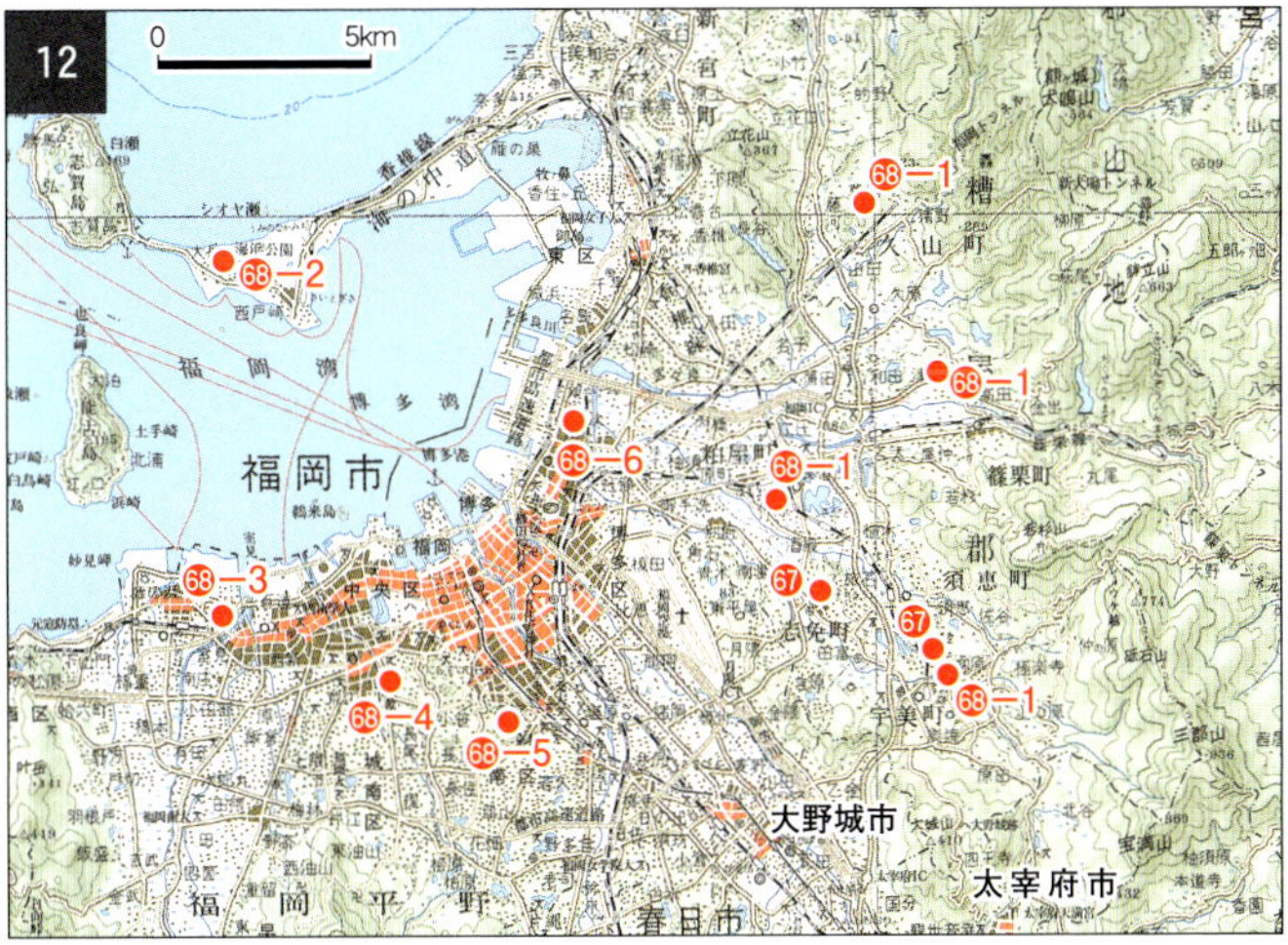

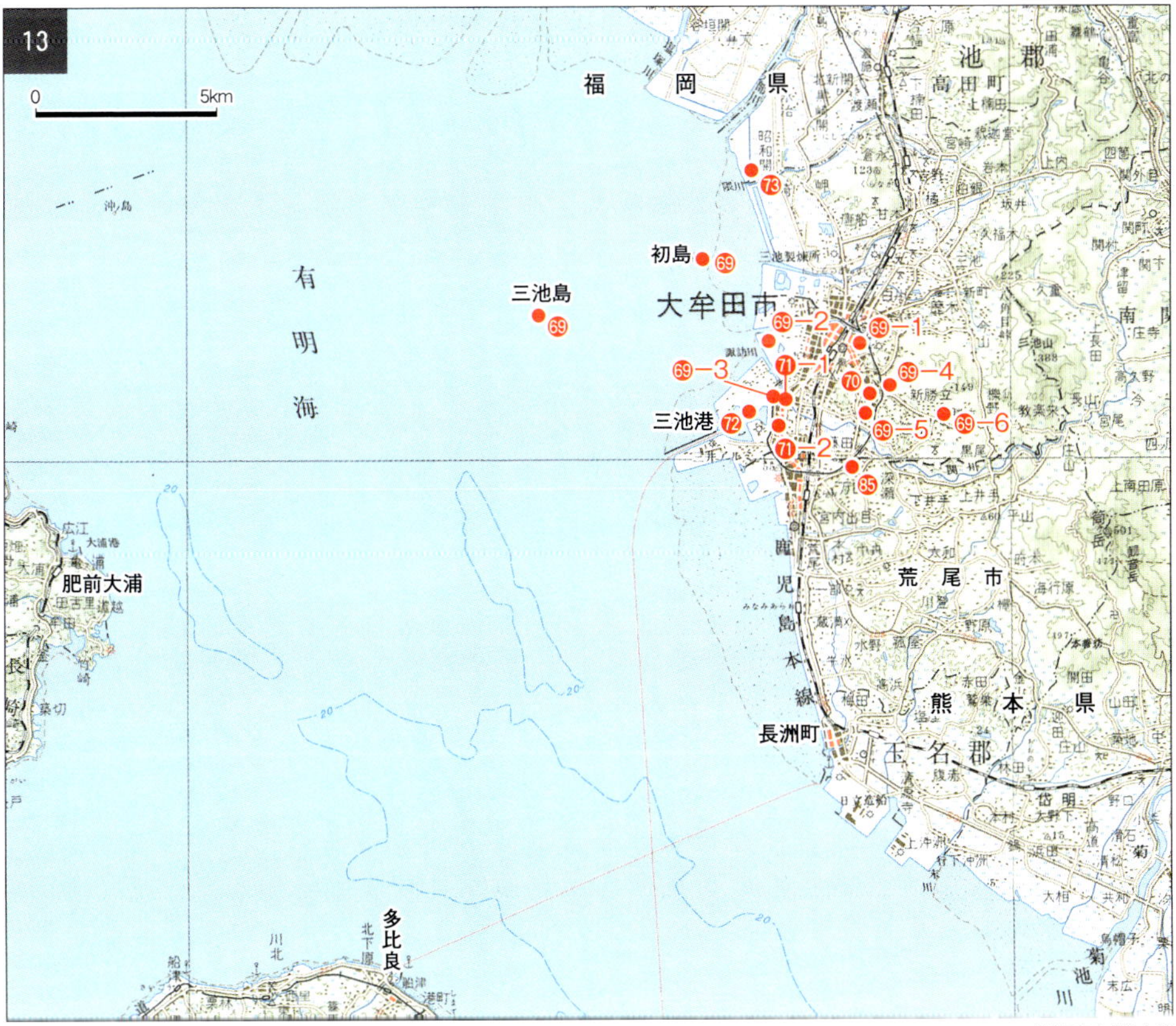

〔20 万図「熊本」〕

〔20万図「福岡」「唐津」「熊本」「長崎」〕

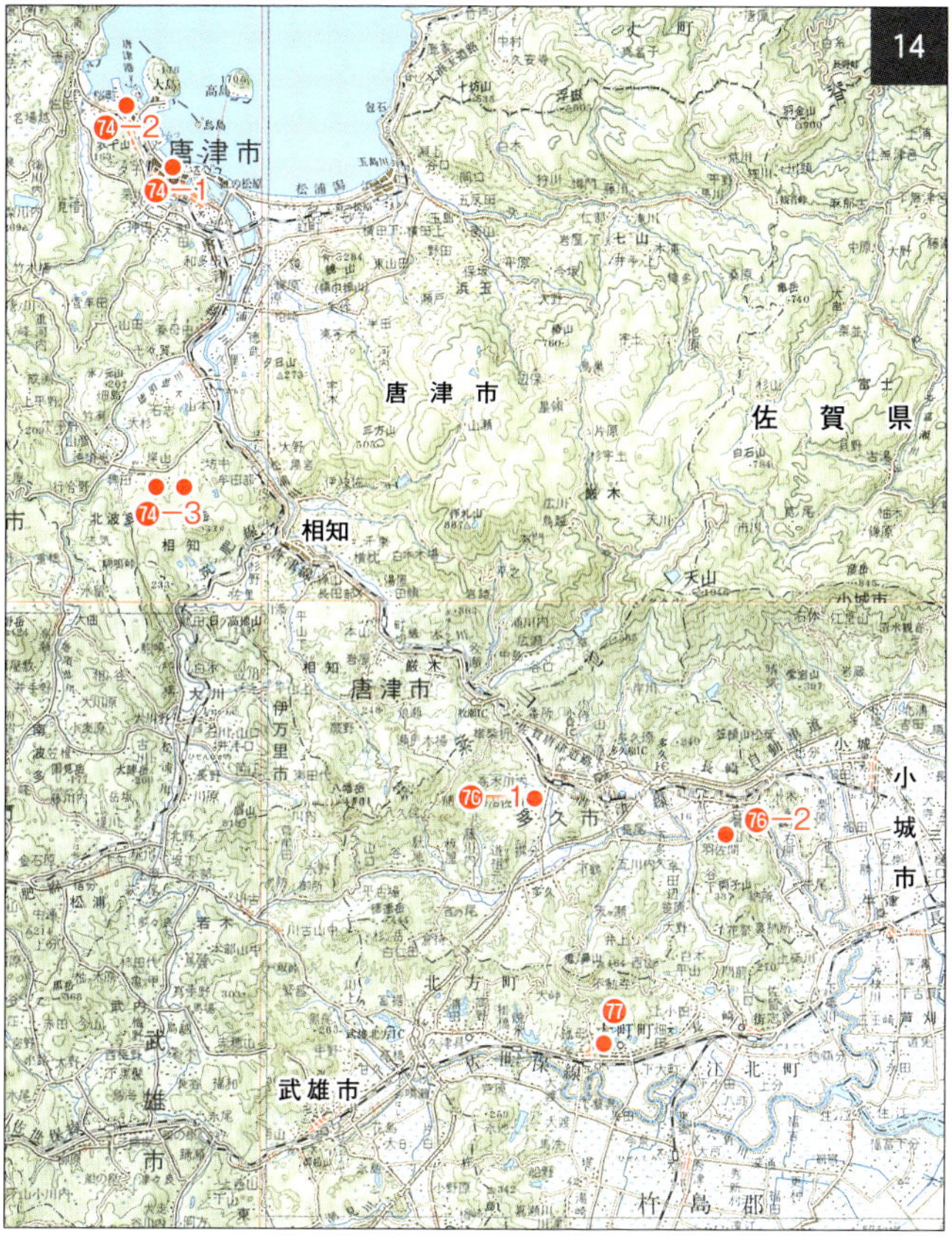

74－1 旧高取家住宅
74－2 唐津市歴史民俗資料館
74－3 相知炭鉱
76－1 芳ノ谷炭鉱
76－2 古賀山炭鉱
77　杵島炭鉱

〔前頁〕
67　志免鉱業所
68－1 福岡炭田（糟屋）
68－2 福岡炭田（西戸崎）
68－3 福岡炭田（姪浜）
68－4 貝島健次別邸
68－5 貝島嘉蔵本邸
68－6 九州大学附属図書館記録資料館
69－1 三池炭鉱（宮浦坑）
69－2 大牟田市石炭産業科学館
69－3 三池炭鉱（三川坑）
69－4 三池炭鉱（七浦坑）
69－5 三池炭鉱（宮原坑）
69－6 三池炭鉱（勝立坑）
70　三池集治監
71－1 旧三井港倶楽部
71－2 三川電鉄変電所
72　三池港
73　三池炭鉱有明坑
85　三池炭鉱万田坑

〔20万図「唐津」「長崎」〕

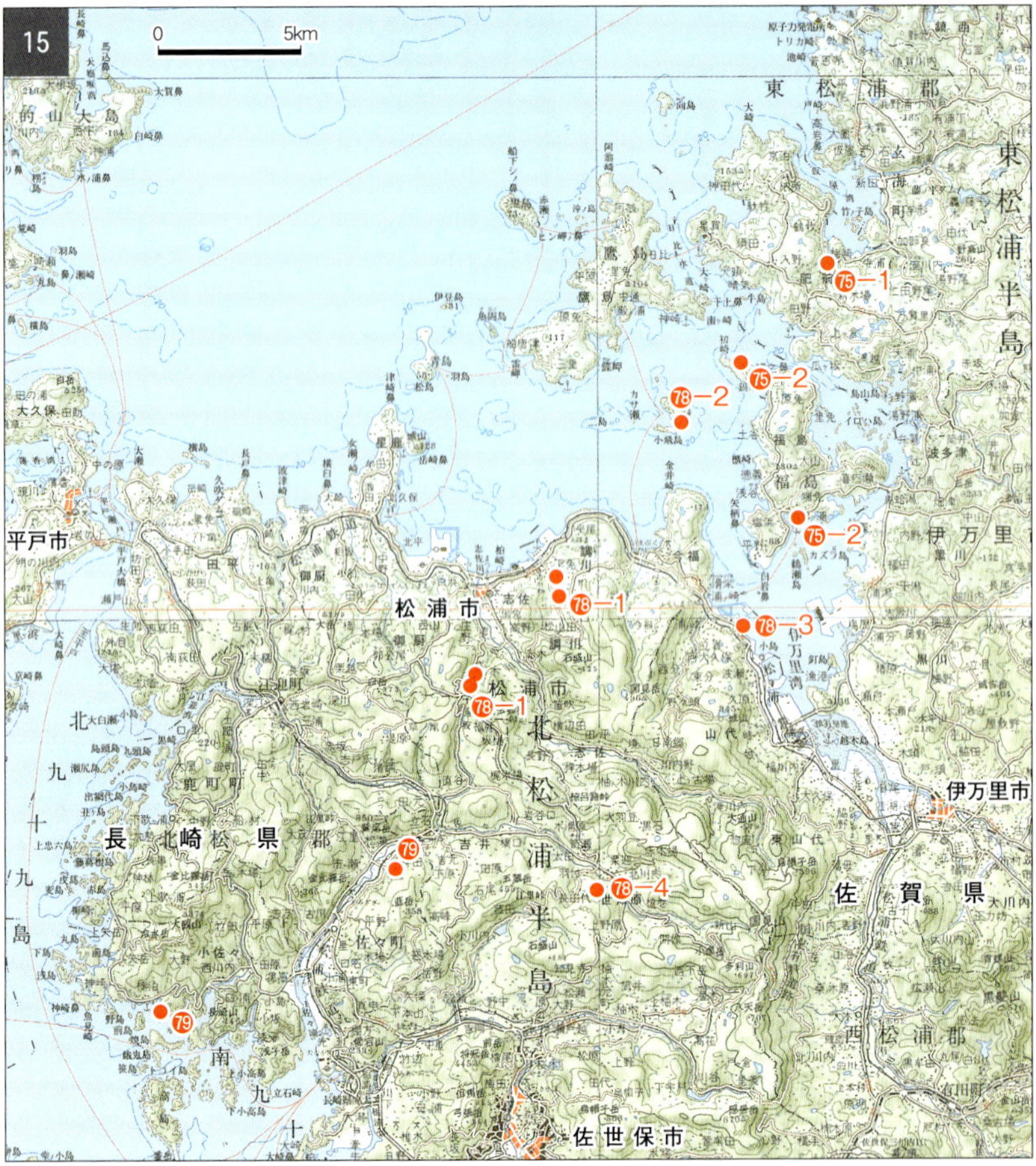

75－1 大鶴鉱業所
75－2 福島鉱業所
78－1 松浦炭鉱
78－2 飛島鉱
78－3 向山炭鉱
78－4 世知原炭鉱
79　北松炭田

〔次頁〕
80－1 大島炭鉱
80－2 崎戸炭鉱
81－1 池島炭鉱
81－2 松島炭鉱
82　高島炭鉱
83　端島炭鉱
84　グラバー邸

〔20 万図「長崎」「野母崎」〕

16
大島
80−1
80−2
松島
81−2
81−1
池島
角力灘
西海市
西彼杵半島
大村湾
東彼杵町
大村市
諫早市
西彼杵郡長与町
時津町
長崎市
長崎半島
高島
82
端島
83
84
0
5km

〔20 万図「野母崎」「八代」〕

〔20 万図「八代」〕

86　魚貫炭鉱
87　烏帽子坑
88－1 三角旧港（西港）
88－2 志岐炭鉱
89　西表炭鉱
90－1 内離島炭鉱
90－2 外離島炭鉱

〔20 万図「石垣島」〕

北海道

芦別の「新坑夫の像」

概説

北海道の中央には、昭和三十年代後半に日本最大の生産量を誇った炭田となった石狩炭田があり、その北部を空知炭田、南部を夕張炭田という。その北には留萌・雨竜炭田が所在し、さらに北には天北炭田が控えている。また、東に茅沼炭田、西には釧路炭田（白糠・尺別・釧路）の各炭田がある。釧路炭田は日本国内最後の坑内掘り炭鉱として、今も稼動していることは特筆すべきことである。

北海道では、炭鉱の七割以上が空知地域に集中し、そこに鉄道網が張り巡らされた。北海道の出炭量は明治二十四年には一三〇万tであったが、大正三年には三八四万tとなり、昭和十九年に一七九〇万t、昭和四十三年に三一四八万tとなっている。

その歴史は、開拓使雇のアメリカ人技師B・S・ライマンが一八七三年（明治六）から道内の炭鉱調査をすすめるところから始まる。調査では石狩炭田などの状況を明らかにし、北海道の炭鉱開発の礎となった。そこには一八六九年からの開拓使技師として携わった山内徳三郎《やまのうちとくさぶろう》・坂市太郎《ばんいちたろう》らの姿があった。

この北海道の炭鉱経営の中心となる会社が「北炭」である。北炭は北海道庁職員だった堀基《ほりもとい》が一八八九年（明治二十二）に北海道炭礦鉄道会社を設立したのがはじまりである。当初、三笠市にある幌内炭鉱と、官営幌内鉄道の払い下げを受け、囚人を使役する特権などを与えられ、鉱区を拡げていった。そして、一八九三年（明治二十六）に北海道炭礦鉄道（株）に改称し、一九〇六年（明治三十九）に北海道炭礦汽船（株）に社名変更、真谷地・楓・万字・新夕張・夕張・清水沢・幌内炭鉱などを経営を拡げながら、発展していく。しかし、一九九五年（平成七）に空知炭鉱が閉山すると、会社更生手続きを行った。今は同名でロシア炭の専門商社となっている。

ほかには、大手の三井や住友といった企業が経営を行った。三井鉱山（名）は、一八九八年（明治三十一）に上砂川地区の調査を開始し、北海道での炭鉱経営の足がかりとした。住友鉱業（株）は、一九二四年（大正十三）に歌志内炭鉱、一九三八年（昭和十三）に赤平炭鉱を経営している。

しかし、道内のこれらの炭鉱も閉山してゆき、最終的に残った炭鉱が、釧路の太平洋炭礦（株）であった。二〇〇二年（平成十四）の太平洋炭礦（株）の閉山で、日本の坑内掘り炭鉱は無くなるが、同時に、釧路コールマイン（株）が石炭採掘事業を引き継いだ。現在でも海底で、長壁式の採炭方式を用いて石炭の採掘を行っている。採炭はドラムカッターとシールド枠の設備で、掘進はコンティニアスマイナーとシャトルカーによる。世界有数の機械化された炭鉱である。

北海道炭礦汽船㈱夕張本坑（九州大学附属図書館記録資料館提供）

北海道炭礦汽船㈱万字坑（九州大学附属図書館記録資料館提供）

1

築《ちく》別《べつ》炭鉱

苫前《とままえ》郡羽幌町

巻頭地図1

太陽という名の炭鉱会社　北海道の炭鉱開発のなかで、築別・羽幌地区（苫前炭田）の炭田調査が一八七四年にはじまった。一九一八年（大正七）頃に戦前の総合商社であった鈴木商店が経営にのりだし、同社系の太陽曹達（株）が所有し、一九三九年（昭和十四）に改称した太陽産業（株）が築別炭鉱を開鉱した。一九四一年に羽幌炭礦鉄道（株）が設立され、羽幌・築別間の鉄道が開通すると、一九四七年に上羽幌炭鉱、翌年に羽幌本鉱を開鉱して拡大していった。しかし、一九七〇年に閉山。同年に羽幌炭礦鉄道も廃止している。

築別炭鉱の象徴とも言えるホッパーは、コンクリート部分のみ残り、側面の「羽幌鉱業所」の看板が朽ちているが、操業時は威厳に満ちていたことだろう。築別川の傍には病院建物の一部が残り、川を渡った坑口のあった対岸には廃墟と化した五階建ての集合住宅四棟が、今も労働者の帰りを待っているかのようにたたずむ。出来てまもなく一度も使用されずに放棄されたもので、それが炭鉱の運命でもあることを象徴している。

この町の築別地区には、一九四〇年に開校した太陽小学校があった。炭鉱という暗いイメージからは正反対の名前の小学校は、昭和三十年代中頃には在校児童が千名を超える時期もあった。しかし、築別炭鉱閉山とともに閉校し、建物を受け継いだ「緑の村」も閉鎖され、現在は荒れ果てた円形の体育館が、独特の表情を醸している。

築別炭鉱ホッパー下部

2

羽《は》幌《ぽろ》炭鉱

苫前郡羽幌町

巻頭地図1

忘却の外にある学舎　羽幌町は、海鳥の繁殖で有名な天《て》売《うり》・焼尻《やぎしり》島があり、夕日の沈む海岸線がきれいな街である。この地区には苫前炭田があり、暖房用として全道の一／三の石炭を占めたが、そのことは今は忘れられている。海岸沿いの旧築別駅から築別川をのぼっていくと、かつての羽幌炭礦鉄道（築別鉄道）の廃線跡には古い橋梁が多く残る。そして、羽幌炭鉱と築別炭鉱の合流地点に一九〇六年（明治三十九）の開校の曙小学校が建っている。一九九〇年（平成二）に閉校した教室には石炭ストーブの土台、木の廊下には地図類などがそのままで置かれている。体育館はトラクターの車庫となり、そこに掲げられた校歌には「鉱脈、鉱脈、ひびく地」とあり、この地区が炭鉱とともに栄えていた様子がうかがえる。

最新型のタワー　曙小学校から奥に進むと羽幌炭礦鉄道（株）羽幌本坑には、築別炭鉱と同型の大きなホッパー、丘には竪坑櫓が現存する。この四角い櫓は、ケーペ式巻上機を備えた最新型のワインディングタワー*（塔《とう》櫓《やぐら》巻《まき》型《がた》）であった。国内では珍しく、石炭・人員・資材等の搬入を行う巻上機は電子回路の自動制御となっていた。鉄筋コンクリート製で、タリー上部にはレールと鶴嘴《つるはし》をかたどった社紋が掲げられ、現在も、内部に二段ケージや巻上機室などの主要施設が残っている。一九六一年（昭和三十六）に建設され、一九七〇年に活動を停止したが、全高三九・三四mを誇る白い櫓は、外観も内部も圧巻である。近くには事務所のほかシックナー、朽ち果てた炭鉱住宅もあり、この南には索道を用いて羽幌本鉱へ石炭を運んでいた上羽幌鉱斜坑の坑口が操業当時の面影を伝える。

＊竪坑櫓の中で最も発達した形式で、運搬用ケージを昇降させる巻上機を櫓内に設置している型。

築別炭鉱の５階段集合住宅

築別炭鉱ホッパー

羽幌本坑事務所・竪坑櫓

羽幌本抗ホッパー

曙小学校

3

雨《う》竜《りゅう》炭鉱

雨竜郡沼田町

巻頭地図1

水没した繁栄の跡　留萌炭田には、浅野雨竜炭鉱（株）、明治鉱業（株）昭和鉱業所、九州鉱山（株）太刀別鉱業所があった。そのひとつが明治後期に開発が始まり、浅野総一郎の手によって一九三〇年（昭和五）に開業した浅野雨竜炭鉱（株）である。一九五二年、古河鉱業（株）（現古河機械金属（株））が鉱区を譲り受けた後は、一九四〇年に出炭量一七万五千ｔのピークを迎えたが、一九六二年には閉山、以後一九六九年まで新雨竜炭鉱として採炭されていた。今はそのほとんどが一九九一年（平成三）の沼田ダムの建設で水没している。湖の中に沈んだ選炭場などの基礎は、ダムの水量が低くなると出現する。

明治鉱業（株）を経営していた松本健次郎が、浅野総一郎らと一九三〇年に開坑した昭和鉱業所は、一九六九年の閉山まで留萌炭田の中心的な炭鉱だった。ただ、一九四四年には中国人炭鉱労働者が送られ、鉱夫約八〇〇人のほとんどが中国人になったといわれている。

留萌《るもい》鉄道　雨竜炭鉱と昭和鉱業所の二つの炭鉱の石炭は、留萌鉄道によって運ばれた。一九二九年、留萌鉄道が留萌本線恵比島《えびしま》駅から浅野炭鉱まで延伸したが、一九六九年に炭鉱の閉山とともに役割を終えた。なかでも恵比島駅は、一九九九年（平成十一）放送のＮＨＫ連続テレビ小説「すずらん」のロケ地となり、セットのために作られた駅舎は「明日萌《あしもい》駅」として現在も見学できる。

この地区の留萌北竜炭田には一九五一年頃開鉱の天塩鉄道（株）が採掘していた炭鉱がいくつか存在する。達布《たっぷ》の市街地を抜けると北炭天塩《てしお》鉱に至り、道路傍には選炭工場跡が残っていて、ホッパーとコンベアの基礎があり、石炭を落とし込む穴を間近に覗くことができる。

4

北海道人造石油滝川工場

滝川《たきかわ》市泉町

巻頭地図2

戦時のエネルギー研究の使命　滝川市は、北海道空知支庁管内にある。「空知」という名はアイヌ語の「滝がかかる（ソーラプチ）」からきており、市名も空知川を意味する。一九八七年（昭和六十二）放送のＮＨＫ連続テレビ小説「チョッちゃん」の舞台で、タレ漬けマトンで有名な「松尾ジンギスカン」を代表とするジンギスカン（羊焼肉）店が並ぶ。ここがマトンを特産とするのは、太平洋戦争中に軍用毛織物製造用に大量に飼育した羊の処分肉を焼肉料理としたのが始まりである。

この地には、太平洋戦争中、北海道人造石油（株）滝川工場（通称・人石《じんせき》）が存在した。この人造石油は石炭を原料にした石油のことで、滝川工場は約一二〇haの広大な敷地に、高さ五〇ｍのコークス炉、奥行き一七六ｍの巨大な合成工場などが一km以上にわたって存在し、一九三九年から石油を作っていた。施設は戦争中に生産を始めたが、触媒（コバルト）不足の為、威力を発揮することなく終戦となり、戦後もコストに合わず、操業から一一年で倒産していった。死と隣り合わせだった戦時下「石油の一滴は、血の一滴」を合言葉に、東大、京大大学院生を中心に約二〇〇〇人が二四時間体制で製造を続けた。

現在、人石の研究所棟が陸上自衛隊滝川駐屯地本部として使用され、人石記念塔が近くの公園に建てられている。また、滝川市郷土館には、その幻の液体「人造石油」が一瓶だけ残っていて、展示室には薄い琥珀《こはく》色の人造石油のほか、人造石油の研究報告書などの資料が陳列している。これらは貴重な財産であるとともに、平和になったいまこそ、今後の有機化学の資料として有効に活用してほしい。

〈上〉ホロピリ湖に沈む雨竜炭鉱ホッパー

〈中〉雨竜炭鉱ポケット

〈下〉明日萌駅

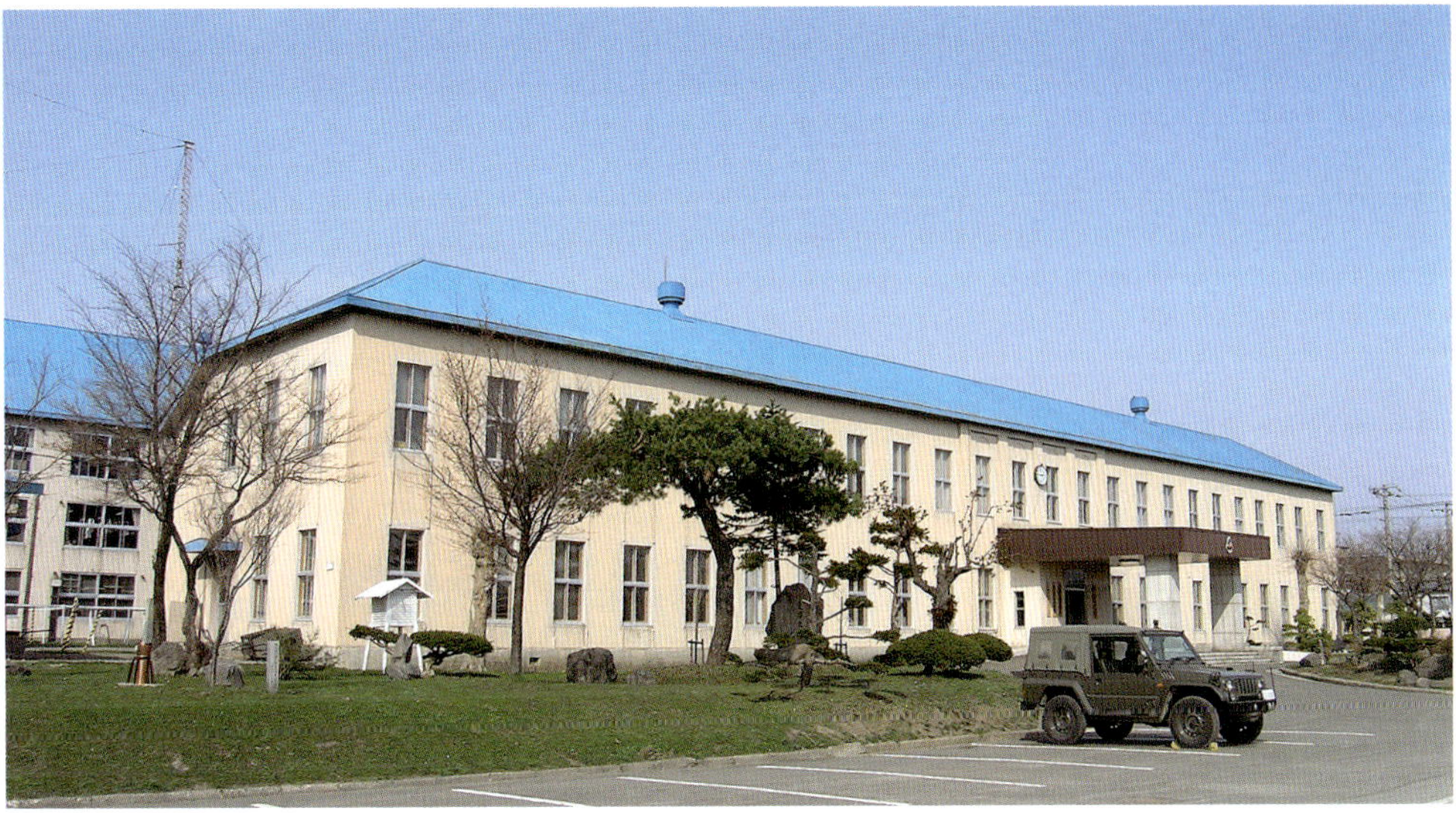

北海道人造石油㈱研究所棟

人石記念塔

日本で唯一の人造石油

5

赤《あか》平《びら》炭鉱、赤《あか》間《ま》炭鉱

赤平市《あかびらし》赤平

巻頭地図2

祭りの象徴となったズリ山　赤間炭鉱は一八九五年（明治二十八）に、北海道炭礦鉄道（株）により開鉱し、一九七三年まで操業した。

赤間炭鉱のポケットとズリ（硑）山、豊里炭鉱跡もある。選炭機と積込機を一体化していた近代化鉱と異なり、選炭工場と積込機を分けてつくり、ベルトコンベア斜路で結合していたのが特色であった。赤間炭鉱では、一九四一年に選炭工場が稼動するが、系列の空知炭礦（株）に経営が移り、一九六九年まで操業した。その後、ズリ山は七七七段の日本一のズリ山階段として整備され、夏に行われる「あかびら火まつり」で「火」の文字が浮かび上がる。閉山後のズリ山は、万字炭鉱など全国に公園化されている場所が見られる（17参照）。

ネオンのともる炭都の象徴　一九三八年（昭和十三）に住友鉱業（株）が赤平炭鉱を開坑すると、国内最後の主力鉱として一九九四年（平成六）まで操業した。赤平市の中心部にある竪坑櫓は炭都であった証明であり、一九六三年に総費用約二〇億円をかけて建設され、一九九四年の閉山まで使用された。二列の四段ケージにより鉱員（七二人）、鉱車を六〇〇ｍの深さまで昇降した。生産コストを三〇％以上も削減した機械、電気系統などが稼動時のまま残されており、内部は当時の活気を思い起こさせる。深緑色をした高さ四三・八ｍの鉄鋼製の櫓は、「住友赤平立坑」と書かれた赤いネオンサインとともに、赤平のシンボルとなった逸品である。

駅近くには炭鉱全盛時代の一九五三年、地元商人で鉱員の手配師（労働派遣）業社長が総秋田杉造りで建てた「山田御殿」が残る。この建物は、現在は北海道特産のそば粉をつかった蕎麦屋に転用されている。

6

歌《うた》志《し》内《ない》炭鉱

歌志内市上歌

巻頭地図2

リユースされた円筒形の坑口　歌志内炭鉱は、一八九四年（明治二十七）には坂市太郎が鉱区を所有し、一九一七年（大正六）には坂炭砿が設立され、一九二四年には住友（資）と共同経営となった。そして、一九二七年（昭和二）から上歌志内鉱第一竪坑が、住友炭砿（株）、住友鉱業（株）歌志内鉱業所上歌志内鉱を経て、一九四二年に赤平鉱業所となっている。一九四四年には主要坑口の第一竪坑櫓が開坑し、人員・石炭運搬用に使用されたが、一九五六年に赤平坑と統合した後の一九八七年からは排気竪坑となり、一九九三年（平成五）の閉山まで坑内ガスを排出した。排気効率をよくするために櫓を筒状に覆っている白い擁壁と深緑の鉄骨櫓は、印象的なデザインだ。

歌志内の鉱員を沸かせた会館　周辺には上歌砿会館が残されている。通称「悲別《かなしみべつ》ロマン座」は、歌志内砿の職員厚生施設（映画館）だったが、一九五三年に開館した。その後、テレビドラマ『昨日、悲別で』（一九八四年）のロケ地になった。「昨日悲別で　少年が生まれ　今日悲別で　少女と出逢った　明日悲別に　小さな灯がともる」と脚本家の倉本聰が書いた碑がある。

現在は閉館中だが、「北海道炭鉱遺産ファンクラブ」が、旧産炭地の夕張、三笠、赤平市などの石炭運搬線跡や石炭産業遺産などを巡るツアーなどを企画している。そこでは語り部たちが次世代に炭鉱史を伝えている。

上歌砿会館

〈上〉赤間炭鉱ホッパー
（左手に赤平炭鉱竪坑櫓が見える）

〈中〉赤平炭鉱竪坑櫓

〈下〉山田御殿

上歌志内鉱第一竪坑櫓（赤平坑排気竪坑）

住友歌志内鉱密閉抗口

7

空《そら》知《ち》炭鉱

歌志内市字本町

巻頭地図2

平成まで活躍した炭鉱はオートバイ通勤　空知炭鉱は、一八九〇年（明治二十三）に北海道炭礦鉄道会社（以下北炭）が開坑した。炭鉱の開発と並行して鉄道が建設され、小樽、室蘭を石炭の積み出し港として整備すると、一九六〇年（昭和三十五）に近代竪坑を一六億円の巨費を投じて三年で造った。このビル（竪坑櫓）は、高さは約三〇mの鉄筋コンクリート造りで、深さは二五〇m、ワンマンのコントロールで一九九五年（平成七）の閉山まで使用されたが、かつては六〇〇〇人が従事し、その多くがオートバイ通勤で、町の風物詩となっていた。今、ズリ山を背景に凛として建っている。

北炭空知の迎賓館　歌志内の中心には旧空知炭鉱倶楽部がある。倶楽部は一八九七年、北炭が空知炭鉱の社員合宿所として建設した。一九五四年には接待専用倶楽部となり、幹部や来賓などの限られた人達の迎賓館となった。一九六三年に空知炭礦（株）に引き継がれ、閉山を迎えるまで著名人も迎え入れた。今は「こもれびの杜記念館」として、西洋風の本館と数寄屋造りの別館が静かに佇んでいる（整備公開されたが、現在は閉鎖中）。

また、近くにある博物館「ゆめつむぎ」では、炭鉱全盛期をしのばせる資料、三D展示案内があり、空知・神威・歌志内の炭鉱が主に紹介されている。この空知と夕張を含む石狩炭田が、明治以降の北海道発展の源泉となり、石炭は製鉄原料として小樽、室蘭から全国へ積み出されたことが理解できる。博物館では、イベントや炭鉱で食べられた「なんこ鍋（馬肉ホルモンの味噌煮込）」の紹介も行われていることは興味深い。

8

神威《かもい》炭鉱

歌志内市字神威

巻頭地図2

神のいる炭山　アイヌ語で「神（カモイ）」を意味するこの地には、一九二四年（大正十三）完成した煉瓦組の神威坑変電所が残っている。北海道炭礦鉄道（株）（以下北炭）の清水沢、滝之上、夕張発電所から送られる電力を北炭神威炭鉱の施設に供給するためのものだ。神威炭鉱は、一八九一年（明治二十四）に北炭が開坑し、一九三九年（昭和十四）に神威坑として新設した。このとき北炭空知鉱業所が設置され、空知、神威、天塩の各坑を管轄し、二〇年間採掘がおこなわれた。

ここには全国で唯一の太陽灯浴室も残っている。これは地下労働で鉱員の赤外線、紫外線が不足するため、赤外線・紫外線の照射設備を、炭鉱浴場に付設していたものであるが、北炭系の各炭鉱には一〇ヶ所あった。中に器具はないが、大変貴重な建造物である。

この神威炭鉱と対面の丘陵の史跡広場では、市内に散逸していた炭鉱関連の石碑を一九九二年（平成四）に集約している。上歌砿神社の狛犬や、一九一五年建造の「御大禮記念碑」、一九二四年建造の「馬魂碑」、一九三六年建造の「安全之塔」などがあり、民俗資料としての価値は高い。

温泉宿泊施設「チロルの湯」　歌志内市は、炭鉱の閉山後は、スイスランドの自然豊かな景観をイメージさせるようなまちづくりを行ってきた。そのなかで、住友炭砿（株）が経営した歌志内鉱密閉坑口は、坑口から湧出する良質の鉱泉（冷泉）が「チロルの湯」の温泉源として利用されている。この歌志内鉱は、一九〇五年（明治三十八）に中村炭鉱が開坑したのが前身で、一九二八年（昭和三）には住友坂炭砿（株）に経営が移り、一九五三年に住友石炭鉱業（株）赤平炭鉱に統合された。一九七一年の閉山時に坑口は密閉され、道の駅「うたしないチロル」となっている。

旧空知炭鉱倶楽部

空知炭鉱竪坑櫓

「ゆめつむぎ」内の歌志内鉱扁額

神威史跡広場に建つ石碑群

太陽灯浴室

神威変電所

9

砂《すな》川《がわ》炭鉱

空知郡上砂川町《かみすながわちょう》上砂川

巻頭地図2

上砂川自慢の水力採炭　三井鉱山（名）が本格的に上砂川地区の調査を開始したのは一八九八年（明治三十一）である。北海道開拓使の西山正吾らによって上砂川地区の本格的な炭田調査が行われ、一九〇九年（明治四十二）に三井合名会社の経営となり、一九一四年（大正三）に三井鉱山（株）砂川鉱業所が創設された。一九四八年（昭和二十三）には第一竪坑、さらには一九六八年に中央竪坑が完成し隆盛を誇った。

砂川鉱業所は、道内の三井系の炭鉱では、初めて鉱区開発から採炭まで行ったことで知られ、最も出炭量が多かった。しかしガスの発生が多く、一五〇気圧の水圧で石炭を切り取るという採掘方法が取られた。その自慢の水力採炭モニターが、一九九三年建設された上砂川炭鉱館（同時に建設された上砂川町無重力科学館とともに二〇〇五年に閉館）の屋外に展示されたままだ。また、地下六六〇mまで達した中央竪坑櫓の姿を、炭鉱館の鉱夫の像が悲しく見つめている。この櫓は、三井石炭産業（株）が一九八七年まで活動した後、一九九一年（平成三）から地下微小重力実験センター（JAMIC）の落下塔として使用されていたが、二〇〇三年に廃止された。未だに現役のように感じる鼠色の三五mの塔は、堂々たる存在感をもって聳え立っている。

付近はズリ山や、上砂川駅が残っているが、上砂川駅は一九八一年（昭和五十六）に公開された高倉健主演の映画『駅 STATION』や、テレビドラマ『昨日、悲別で』のロケでも使用され（6参照）、観光スポットとなっている。

炭鉱前の「敢斗像」

10

芦《あし》別《べつ》炭鉱

芦別市西芦別町

巻頭地図2

星降る町に残る炭鉱遺産　「星の降る里」を宣言している芦別市には「芦別五山」と呼ばれる明治鉱業（株）・三井鉱山（株）・三菱鉱業（株）・油谷鉱業（株）・芦別高根炭鉱（株）があった。

西芦別では、一九〇七年（明治四十）に三井（名）が地質調査をし、一九三九年（昭和十四）に第一坑を開鉱すると、翌年、三井鉱山芦別専用鉄道が開通した。鉄道は、一九六〇年に三井芦別鉄道（株）となって平成元年まで石炭を運ぶが、その証として、炭山川橋梁にディーゼル機関車ＤＤ五〇一と石炭貨車セキ三〇〇〇が保存されている。

一九四三年頃建築の三井芦別鉱業所の原炭（坑内から搬出されたままの石炭）ポケットも残り、その上の地区では露天掘りの現役炭鉱がある。今でも、トラックが石炭を運ぶ風景を見ることができる。また、高根地区でも芦別鉱業（株）新旭炭鉱高根沢露天掘り坑で、日本最大規模の露天掘りが行われていることは特筆すべき点である。

三井芦別炭鉱終焉の地　また頼城《らいじょう》では、一九〇九年から二〇〇二年（平成十四）まで存続した頼城小学校が残る。一九五四年に完成した煉瓦造校舎は、教室棟の総延長は一〇〇ｍにもなる全国唯一のものだ。木造トラス組み構造の体育館も魅力的で、備品も含め、全額三井芦別鉱業所の負担で建てられたことに驚かされる。学校は通信教育大学「星《せい》槎《さ》大学」が活用している。

国道沿いには三井芦別炭鉱二坑坑務所が残るが、そこは一九九二年（平成四）まで操業をつづけた三井芦別炭鉱終焉の地で、「新坑夫の像」が建てられている。この像は一九四四年に軍需省が派遣した軍需生産美術推進隊彫刻班によって制作されたものを、保存会が複製したものである。

また、鉱員が食べていた「ガタタン（具だくさんの中華スープ）」を出している店が、付近にある。

砂川炭鉱自慢の水力採炭モニター

上砂川中央堅抗櫓

煉瓦造りの頼城小学校

炭山川橋梁のディーゼル貨車

芦別で露天採掘されている石炭

11

三菱美唄《びばい》炭鉱

美唄市東美唄町一ノ沢

巻頭地図3

日本一美しい石炭産業遺産公園　美唄炭鉱は、常盤台地区の三菱鉱業（株）美唄炭鉱、南美唄地区の三井鉱山（株）美唄炭鉱に大別される。

常盤台地区の三菱美唄炭鉱は、三菱の主力鉱山として名を馳せ、一九一三年（大正二）開鉱、一九七三年（昭和四十三）まで採掘した。現在、炭鉱跡地の一部三・六ヘクタールを整備し、炭鉱メモリアル森林公園としているが、石炭産業遺産公園としては日本で一番美しい。

目を奪われるのが二基の竪坑櫓で、三菱美唄炭鉱で石炭搬出用の上風坑（奥）と下風坑（前）である。高さ二〇mの櫓は、リベット打ちの鉄骨造で、一九二三年（大正十二）に建築され、ドラム式の巻上機で一七五mの深さまで到達した。この入気と排気の櫓は赤く塗られているが、これは竪坑建設当時の色といわれており、周辺の緑の風景に調和している。年産一六〇万t級の炭鉱で、一九四四年には一八九万tの出炭を記録し、三菱大夕張炭鉱に次ぐ炭鉱となった。周辺には斜坑という坑口などが残るほか、掘り出した石炭を一時保管するための原炭ポケット（一千tの容量）・電気開閉所がある。一九二五年造の電気開閉所は、地区内の炭鉱関連施設の主要電源が総合的に管理されていたが、柱・梁の格子は意匠性がある。

現役露天掘り炭鉱　東美唄町にも現役の露天掘り炭鉱があり、北菱産業埠頭（株）美唄炭坑という。今でも年産五万tの石炭を生産し、採掘後は植樹をして環境を保全、自然との共生を感じさせる場所である。

三菱美唄炭鉱竪坑櫓

12

三菱美唄記念館、アルテピアッツァ美唄

美唄市東美唄町

巻頭地図3

芸術広場となった生活の跡　我路ファミリー公園に建てられた三菱美唄記念館には、三菱美唄炭鉱関係の文献や写真など貴重な資料が展示されている。敷地は三菱美唄炭鉱鉄道美唄炭山駅跡で、一九七三年（昭和四十八）の閉山後に、三菱マテリアル（株）が市に寄贈したもので、彫刻家の安田侃《かん》氏の作品である「炭山《やま》之碑」が静かに佇む。前には、一九七四年に廃校になった沼東中学校体育館が美唄国設スキー場レストハウスとして転用され、その奥に同年廃校の沼東小学校が残る。小学校は美唄で初めて建設された鉄筋コンクリートの円筒形校舎で、廃墟となっているがモダンな螺旋階段と最上階のトップライト（明かり窓）の美しさには魅了される。近くには、一九三〇年の煉瓦づくりの名建築である我路郵便局がある。できれば、これらの遺産を公開してほしい。

　アルテピアッツァ美唄は、一九五〇年に開校し一九八一年に廃校となった栄小学校の建物を再活用したものだ。イタリア語で「芸術広場」の意味を持つ七万㎡の広場は、芸術文化交流施設、幼稚園、彫刻公園となっている。地元出身でイタリアを主に活動している安田侃の作品がならび、交流広場は市民の憩いの場所として、美しい四季の景色が存在する。

美唄の山間につくられた鉱業所　美唄鉱業所は一八九四年（明治二十七）頃開坑し、飯田炭鉱として開発が進められたが、一九一五年（大正四）に三菱（資）に買収された炭鉱である。三菱美唄炭鉱の石炭は、美唄専用鉄道で運ばれたが、その東明《とうめい》駅跡には、駅舎と四一一〇形十輪連結タンク機関車二号が保存されている。蒸気機関車はE型（五軸動輪）で、一九一二年にドイツから輸入された四一〇〇形を元に、勾配のきつい美唄の地形に合わせ、三菱造船神戸造船所に造らせたものであった。

三菱美唄電気開閉所

三菱美唄原炭ポケット

東美唄の現役露天掘り炭鉱施設❷バウム式水洗機

❶運炭機

❹乾燥機

❸シックナー

三菱美唄記念館

アルテピアッツァ美唄の校舎と屋外アート

美唄鉱業所ポケットとホッパー

円形の沼東小学校校舎

4110 形十輪連結タンク機関車 2 号

東明駅舎

13

三井美唄炭鉱

美唄市字南美唄町・盤の沢本町

巻頭地図3

階級によってちがう炭鉱住宅　南美唄地区での炭鉱は、一八九四年（明治二十七）に徳田與三郎の開発から始まった。一九二八年（昭和三）に三井美唄炭鉱に移り、第一坑は日本石油（株）、三井鉱山（株）が譲り受けた後、三美鉱業（株）となって、一九七二年の閉山を迎えた。

炭鉱職員住宅は、開鉱にあわせて建築され、階級によって区分された。南美唄市街地から延びる道路を境に鉱員住宅と職員住宅の区域に分れている。鉱長宅は豪華な造りで、他の住宅との差は歴然としている。一九五〇年の住宅数は約三千戸で人口は最盛期に二万人が居住したといわれる。炭鉱住宅地には、朝鮮人寮として使用された従業員寮の建物が、三井美唄幼稚園となり「三井美唄」のマークが残る貴重な施設として残っている。

また、一九三三年に建設された事務所、一九三八年の三井美唄炭鉱労働会館がある。会館は、もとは食堂部厚生会館として建てられたものであった。その他、一九五五年に建設された映画館の互楽館や、山神社が残る。互楽館は二千人を収容し、最新の映画が上映された「娯楽の殿堂」であった。ただ、こうした施設の充実があったとしても、鉱員には苦しい労働と生活に直結した労働問題があったことを忘れてはならない。美唄市教育委員会が所蔵する「人民裁判事件記録画」は、この時代の三井美唄炭鉱の、労働争議の状況を伝えている。

水源池の水面に映る選炭施設　東美唄町盤の沢地区にも三井新美唄鉱業所第二坑選炭場が残り、沈殿池、原炭ポケット、選炭機の土台がある。一九四一年から一九五四年までの炭鉱であったが、現在は美唄市浄水場となっており、水と緑を楽しみたい景観でもある。

14

幾《いく》春《しゅん》別《べつ》炭鉱

三笠市幾春別錦町

巻頭地図3

道内最初の鉄道をもたらした炭鉱　北海道炭礦鉄道会社（以下北炭）は、一八七九年（明治十二）の幌内炭鉱に続き、一八八五年に幾春別炭鉱を開鉱した。

今の三笠市立博物館周辺は、北炭幾春別炭鉱の選炭場跡であり、幾春別線の終点であった。幌内線から幾春別線が分岐し、一八八九年に幌内鉄道と幌内・幾春別炭鉱が国から北炭に払い下げられ、採炭が進む。その後、一九六六年（昭和四十一）には幌内竪坑が完成し、翌年に新幌内鉱と統合した幌内炭鉱が生まれる。

博物館裏手のサイクリングロードには、一九五七年に廃坑した幾春別炭鉱開坑当時の錦竪坑が残る。この竪坑は、道内最古の櫓と煉瓦造りの巻上機室が貴重な外観をとどめるが、北炭の社紋が残る鉄骨製の櫓は大きな笹に覆われつつある。斜面にある煉瓦造りの錦坑の坑口からは、鉱水が流れ出ている。

博物館はエゾミカサリュウなどの化石展示以外にも、三笠の炭鉱資料も多く、幌内炭鉱・鉄道開設の功労者でもある山内堤雲が書いた「郁春別煤田《いくしゅんべつばいでん》の碑」も表に立つ。

三笠鉄道村　近くの三笠鉄道村は、幌内駅跡につくられた三笠鉄道記念館と、幌内太《ほろないぶと》駅跡のクロフォード公園の二ゾーンからなり、三笠鉄道記念館には明治時代の貴重な資料などが展示されているほか、数多くの機関車が残存する。機関車は期間限定で運行し、官営幌内鉄道の歴史を肌で感じることができる（**26**参照）。また、「三笠トロッコ鉄道」として幌内線の廃線跡で、トロッコ体験ができるようになった。

郁春別煤田の碑

❷職員住宅

三井美唄炭鉱の炭鉱住宅❶坑長宅

三井美唄炭鉱事務所

❸鉱員住宅

三井美唄炭鉱従業員寮

三井美唄炭鉱互楽館

北炭幾春別炭鉱錦竪抗

錦坑坑口

15

幌《ほろ》内《ない》炭鉱

三笠市幌内、唐松、奔幌内

巻頭地図3

北炭の原点　北海道炭礦鉄道会社（以下北炭）の幌内炭鉱は、一八六八年（明治元）に開拓使庁出身の榎本武揚（当時物産取調掛）によって良質な石炭である事が確認された。開坑には、日本資本主義の父といわれる渋沢栄一も発起人として名を列ねた。北炭には空知監獄署の囚人を使役できるなどの特権が与えられ、北海道最初の幌内鉄道を建設できたのは、この労働力があったからといえる。幌内炭鉱は本沢・唐松・奔幌内地区に大きく分けられる。

本沢地区は一八七三年（明治六）に開拓使雇のライマンによって発見され、一八七九年に官営の音羽《おとわ》坑からスタートした。道内最古のその坑口は、一九八七年（昭和六十二）の閉山とともに密閉され排水坑になっている。

炭鉱跡地は、二〇〇四年から「みかさ炭鉱の記憶再生塾」により幌内炭鉱景観公園として整備が進められていて、夏になると元炭鉱マンらによるボランティアの草刈が行われる。これにより、一〇〇〇tの容量がある原炭ポケットやシックナー・貨車巻上場・ズリポケット・常盤坑のベルト斜坑などを見ることができる。三菱美唄、太平洋、三井砂川、三井芦別二坑、三菱大夕張などと同クラスの大規模炭鉱であったことを窺い知ることができる。

また、煉瓦造りの変電所が残る。一九二二年（大正十一）建設とされ、北炭清水沢火力発電所から送られてきた電気を変電していた。変電所の横にある石段を登ると、一九〇二年建立の幌内神社跡がある。本殿は二〇〇八年（平成二十）に、雪の重さで倒壊した。

幌内炭鉱絶頂期の証人　唐松青山町の北炭幌内炭鉱幌内坑には、赤茶けた台形の形をした竪坑櫓が残る。合掌型といわれる高さ約四〇mの櫓には、黄色い「幌内」の文字と壊れかけた北炭の社紋がついている。一九六七年（昭和四十二）にこの竪坑が完成し、深さ九一五mまで人員、資材を搬入し、後に入気用として平成元年まで稼働した。排気竪坑は二〇〇四年（平成十六）に解体されたが、この櫓も現在民間企業が所有している。背後のズリ山は、硬車台が確認できる貴重なものである。

唐松駅跡近くには住友炭鉱(株)奔別鉱業所唐松坑があった。一九〇六年（明治三十九）から一九四三年（昭和十八）まで稼働していた。さらに奥に進むと新三笠炭鉱があり、密閉日が書き残された第二風洞坑口（昭和四十三年密閉）、本卸・連卸坑口（昭和四十八年密閉）といった遺構がこちらを見つめる。新三笠炭鉱は、唐松地区の新幌内炭鉱（昭和十六年）のあと、一九六七年（昭和四十二年）に発足したが、わずか六年で閉山した。

アイヌ受刑者の歴史を語る遺跡　本郷町には空知集治監典獄煉瓦煙突がある。集治監は、一八八二年（明治十五）に北海道開拓を目的として建てられた刑務所の前身で、市来知《いちきしり》に設置され、明治期に収容者を幾春別炭坑や幌内鉄道の重労働に従事させていた。煙突は、集治監が一八九〇年に竣工した折の典獄（刑務所長）舎宅にあったもので、一九〇一年に廃監となり、建物群は解体され住宅地となり、遺構として残ったものである。こうした北海道の開拓はアイヌの土地を略奪し、アイヌ受刑者の奴隷的労働の歴史があることを忘れてはならない。

横たわる風洞トンネル　幌内奔幌内町には北炭幌内炭鉱布引坑がある。布引坑は、一九二四年（大正十三）に北炭が竪坑設備を建設し、入気・排気とも竪坑は高さ二〇m、深さ二九一mで、出炭規模は一日八〇〇tであった。一九六七年（昭和四十二）に幌内炭鉱竪坑が完成するまで、幌内炭鉱全体の中心的な役割を果たした竪坑であった。一九八九年の閉山後、竪坑基礎部分と風洞トンネル、煉瓦貼コンクリート造の巻上機室が残る。風洞トンネルは長距離におよび、坑内の排気をするファンが取り付けられてあった（現存せず）。

炭鉱遺産とアートの融合　一九五五年（昭和三十）建築された北炭幌内鉱業所長住宅が残るが、集中暖房の設備があり、使用人用の呼び出しブザーもそのままの状態となっている。住宅横には以前、岸信介も宿泊した北炭幌内倶楽部もあったが、現在は門と松並木がその面影を伝えるのみである。一九九二年（平成四）に市から画家の伊佐治講氏に提供され、「伊佐屋ギャラリー」として創作作品が展示されている。また、妻の知子さんが、幌内炭鉱跡地を公園化する「みかさ炭鉱《ヤマ》の記憶再生塾」を、旧炭鉱マンの人々とともに立ち上げている。有志とともに幌内炭鉱の整備やＤＶＤ作成などの活動をおこなっており、旧所長住宅は幌内炭鉱のインフォメーションセンター的役割を担っているようだ。

幌内坑竪抗櫓

幌内坑ズリ山

幌内坑ズリ山頂上のスキップ跡

錦坑坑口

幌内炭鉱変電所

幌内炭鉱ベルト斜坑口

布引坑風洞トンネル

新幌内炭鉱第二風洞坑口

布引坑巻上機室

新幌内炭鉱本卸・連卸坑口

幌内鉱業所長住宅

空知集治監典獄煉瓦煙突

16

奔《ぼん》別《べつ》炭鉱

三笠市奔別町《ぽんべつちょう》

巻頭地図3

「四段ケージ」を備えた大竪坑　北海道開拓使によって一八八〇年（明治十三）に発見された奔別炭鉱は、一九〇二年開坑し、一九二八年（昭和三）住友（後の住友石炭鉱業（株））の経営となったあと、一九七一年まで稼動した。

今ある竪坑は、一九六〇年に奔別坑と弥生坑（後述）が統合して完成し、深さが七四〇mあり、深部開発をおこなった。「奔別」の文字が象徴的な櫓の高さは五一・五二mで、巻上に採用したケージは、人・石炭用がそれぞれ二基あり、人用は一六人のカゴが縦に四段となる大規模なものだった。敷地内には、国内最大級のホッパーをはじめ、選炭工場はコンクリートの基礎が往時の威容をとどめている。

ホッパーは、NPO法人炭鉱《ヤマ》の記憶推進事業団が、点検や保全を行っており、今後の推移を見まもる必要がある。

右手の坂の上には、竪坑が完成する以前の初期の炭層（弥生坑）への斜坑口や、奔別炭鉱排気ブロアー建屋、弥生坑施設群、慰霊碑が残る。

赤いとんがり屋根の炭鉱住宅　弥生柳町には住友型炭鉱住宅と呼ばれる住宅があり、四〇年以上の歳月が流れてなお、現役である。三角屋根の棟続きの住宅は一棟四戸の二階建で、煙突の形状も特徴的で、赤いとんがり屋根に採光窓もついた木造モルタル造りの住宅は、坑員にとっては快適で暖かな造りとなっていて、昭和四十年代に建設されたもので、間取りは一階が六畳二間に台所とトイレ。二階が七・五畳あり、当時の従来型長屋からすれば、斬新であったはずだ。三番方（一日三交代制の朝帰りの炭鉱夫）でもゆっくり就寝できたであろうと想像される。

「殉職者之霊碑」と「顕徳碑」

17

万《まん》字《じ》炭鉱

岩見沢市栗沢町

巻頭地図3

山あいに残された静かな炭鉱跡　夕張市との境にある万字炭鉱は、朝吹英二が所有する炭鉱を北海道炭礦汽船（株）（以下北炭）が譲り受け一九〇五年（明治三十八）に開坑、朝吹家の家紋「卍」にちなみ「万字炭鉱」と命名された。朝吹は福岡県の豊前に生まれ、三井系諸会社の重職を歴任している人物だ。

石炭は索道で夕張に輸送し、夕張から鉄道を利用していたが、一九一四年（大正三）に直接輸送となり、北炭幌内鉱業所万字炭鉱として独立した。万字炭鉱（株）となって、その後九坑もの坑口を数えたが、一九七六年に閉山した。

現在は万字炭山森林公園となり、一九六一年（昭和三十六）完成の選炭場のホッパーと、ズリ山が残されている。ズリ山には階段が設置され、ホッパーは土で半分埋まり積込み設備としての原形をとどめていないが、コンクリート壁がD51の出入りした規模を表している。近くには、鉱員が住宅から坑口まで徒歩で行った「二代目　英橋《はなぶさばし》」が残る。また、日参した「万字炭山神社」も高台に残るが、新しくできた三代目英橋の前に新神社として再建されている。

万字炭山駅から志文駅までを結んだ万字線の遺産　この地域には、万字炭鉱のほか北炭美流渡《みると》炭鉱や朝日炭鉱（株）朝日坑があり、万字線がその石炭輸送を行った。その万字線の一部が鉄道公園（旧朝日駅）となって残っており、この朝日駅跡には、記念碑やB20－1蒸気機関車などが保存されている。また、背後には本坑の坑口も見られる。

また、幌内鉄道の車輌の製作・修理のために一八九二年頃に建設された北炭岩見沢工場が残る。北海道旅客鉄道（株）岩見沢レールセンターの事務所として残る岩見沢工場は、煉瓦工場一棟のみであるが、掲げられた社紋も煉瓦造りで、北炭の存在を雄弁に伝えている。この建物は、（社）日本建築学会の「全国の建築二〇〇〇棟」の一つに選ばれている。

奔別炭鉱竪坑櫓

〈右〉奔別炭鉱排気ブロアー

弥生地区の住友型炭鉱住宅

万字炭鉱ホッパー

万字線鉄道公園（旧朝日駅）

〈下〉北海道炭礦汽船鉄道㈱岩見沢工場

18

夕《ゆう》張《ばり》炭鉱

夕張市

巻頭地図4

北海道最大の炭鉱　夕張炭鉱は、石狩炭田の一部を形成する北海道炭礦鉄道会社（以下北炭）夕張採炭所の周辺の炭鉱群をさす（夕張炭田ともいう）。

その最初は、一八七四年（明治七）にライマンがその存在を推定し、一八八八年に坂市太郎が志幌加別川上流部にて炭層を発見したことであった。翌年、北炭夕張採炭所が設置され、夕張鉱業所は第一鉱（千歳、北上、最上坑）、第二鉱（第一区から第四区、石狩坑）第三鉱（橋立、松島坑）および清水沢鉱に分れ、一九五六年（昭和三十一）以降は年間一四〇万トン以上を生産するまでになる。坑口の名称は当初、各鉱で番号順に与えられていたが、大正初期に河川名がつけられるようになり、その後は地域を表す名前などに代わっていった。

北炭夕張の中心だった第一鉱　第一鉱の坑口は、夕張炭鉱の跡地を利用して造られた炭鉱観光施設「石炭の歴史村」の奥に集中する。一八九〇年に水平坑道として開削された第一坑は、夕張炭鉱で最も古い坑口で、後に千歳坑となった煉瓦組の坑口である。煉瓦組の坑口が少し顔をのぞかせている。となりには丁未《ていび》坑があり、密閉されたコンクリートの坑口は閉山まで使用されていた。その丁未坑の奥には北上坑がある。北上坑は一八九一年に第二斜坑として開坑し、一九一八年（大正七）改称したもので、現在は煉瓦装飾が美しい坑口が連なっている。この地に一九二二年に志幌坑・志幌坑人道が開坑すると、奥には第一風洞から第三風洞が造られた。一九一四年に開坑した第四斜坑は、最上坑、最上区本斜坑と名を変え、煉瓦製の坑口が残っている。第一鉱は一九七三年まで原料炭を産した。

テーマパークとして残る第二鉱　旧遊園地敷地には第二鉱の坑口が多く残る。第二鉱は、昭和初期に切羽から選炭工場までベルト運搬化が完成するなど全盛を誇るが、一九七一年（昭和四十六）に閉山、その後新夕張第二炭鉱として再開するも一九七七年再閉山した。山間には、一九〇七年

（明治四十）に着手した大新坑があり、異彩を放つ。壁だけになったコンクリートの変電所は教会建築のようであり、排気用扇風機坑は四角い鉄製のもので、かなり旧式であることがわかる。

今は天龍坑坑口と風洞跡、天龍坑人車斜坑口を一堂に見ることができ、煉瓦組みのポータル（表面）が美しい。天龍坑は、一九〇〇年に開坑した第三斜坑が一九一八年（大正七）に改称され、一九三八年のガス粉塵爆発で閉鎖した。ほかに一九一四年開坑した石狩坑には、コンクリート製のラッパ型坑口などいくつもの坑口を無造作に見つけることができる。

また高松地区には、一九三六年に造られた北炭夕張炭鉱専用鉄道高松跨線橋があるほか、ズリ山には、延長が八〇〇mもあったズリ捨てコンベア道を見ることができる。

リゾート施設に残る第三鉱　第三坑は、橋立坑・松島坑が設置され、現在、マウントレースイスキー場に痕跡がある。一八九〇年の坑夫はわずか一三〇人ばかりだったが、二年後には年間七．八万トンを出炭した。橋立坑は、一九二七年に石狩石炭（株）新夕張鉱から北炭が引き継ぎ、使用した。その後、一九六二年に閉坑。後に、新夕張炭鉱（株）橋立坑として再開するが、一九六九年に再度閉山となった。松島坑は橋立坑と同年、北炭が引き継いだ旧七番坑の坑口を切り替え、松島鉱として使用したもので、一九六三（昭和三八）年まで操業した。後に、新夕張炭鉱（株）松島坑として再開したが、こちらも一九七二年に再度閉山となった。

夕張市石炭博物館

天龍坑人車坑口

石狩坑

千歳坑

石狩坑の抗口群

北上坑

大新坑扇風機坑

ズリ捨て線のコンベア道とズリ山、総合ボイラー煙突

大新坑変電所

天龍坑坑口

19

夕張市石炭博物館

夕張市高松

巻頭地図4

東日本最大の石炭・歴史博物館　夕張市石炭博物館は、石狩石炭（株）が一八九七年（明治三十）に開坑してから、一九八〇年（昭和五十五）に北炭夕張炭鉱（一鉱・二鉱）が終焉した地に開設された。一九三九年に見学用坑道として整備され、救護隊の訓練などにも利用されていた模擬坑道は、現在博物館が「まっくら探検」を行い、本物の坑道の臨場感が味わえる施設とした。自走枠、ドラムカッターなどの大型採炭機械が見学者を出迎え、館内には夕張炭鉱の歴史がわかる石炭産業資料約五〇〇〇点や、大型採炭機械類も展示されている。

敷地内は「石炭の歴史村」が開村しており、史跡の夕張鉱大露頭を見ることができる。炭層が二四尺（炭丈八ｍ）もある大露頭は、一八八八年に坂市太郎らが発見したものである。その前にある「進発の像」は、一九四四年に戦時の石炭採掘をする人々を激励するため、北炭夕張鉱業所前庭に設置されたものだ。戦後の復興期に石炭増産が最重要課題となり、後に「採炭救國坑夫像」と呼ばれるようになった。そのほか、夕張工業高校の校舎を縮小復元した「炭鉱生活館」や「ＳＬ館」・「ゆうばり化石館」・「郷愁の丘」などの施設がある（四月〜十月に開館）。

周辺には北炭夕張炭鉱病院・本町地区商店街・昔の映画看板を取り付けた看板キネマ街道もある。社光地区には、第一回日本アカデミー賞を受賞した山田洋次監督の名作「幸福の黄色いハンカチ」（一九七七年）のロケ地の社宅跡が整備されている。主人公を演じた高倉健の「もし、俺を待っててくれるなら、庭の竿の先に黄色いハンカチを結んでおいてくれ」という言葉を確認するかのように、この想い出広場を多くの人が訪れる。

20

末《すえ》広《ひろ》地区墓地群

夕張市末広

巻頭地図4

炭鉱と命を今に伝える友子墓碑群　JR夕張駅近くには末広地区墓地がある。墓地群の中に「友《とも》子《こ》墓碑」といわれるものが多く存在する。この「友子」とは、江戸時代の金属鉱山に発生したと伝えられる「共済」のことで、明治になって道内の大部分の炭鉱で組織されるようになった。炭鉱労働者の多くは、道内や東北地方などからの出稼ぎで、室蘭製鉄所の燃料として使われた石炭の採掘に携わり農家の次男など余剰労働力は炭鉱で消費された。「裸一貫」という言葉があるが、まさにゼロからの出発で家族をつくり炭鉱社会を作っていくなかで、互助組織である友子制度という慣習ができあがっていった。

　友子は、親分・子分を単位に構成され、友子に加盟するには三年余りの鉱夫技術習得期間を経て、権威ある友子先輩立会の下に親分・子分の盃を交わす「取立式」によって「出生」し、初めて一人前の坑夫として認められる。戦後、労働組合が結成されるようになって「友子」の存在意義が薄くなり、三〇年代にはこの制度はほとんど形骸化していったが、現在、墓碑を読み取りながらの友子研究がなされている。

　共同墓地のなかには、各炭鉱災害犠牲者の慰霊碑等も多く残る。丁未《ていび》坑で災害にあって亡くなった土着の友子を弔う一九一四年（大正三）の「丁未坑自坑夫遭難者一同之墓」、一九二〇年（大正九）に起きた北上坑ガス爆発事故で亡くなった二一二人を弔う「北上坑遭難者之碑」や、朝鮮人墓碑である一九三〇年（昭和五）の「神霊之碑」などは、夕張炭鉱の歴史を凝縮しているかのようだ。この墓碑群の眺めは、炭鉱従事者の信仰の深さを感じさせる。

石炭の大露頭

夕張市石炭博物館

進発の像

末広地区墓地

神霊之碑

北上坑遭難者之碑

21

北炭鹿《しか》ノ《の》谷《たに》倶《く》楽《ら》部《ぶ》

夕張市鹿《しか》の谷《たに》

巻頭地図4

北炭の贅を尽くした迎賓館　鹿の谷地区は北海道炭礦汽船（株）（以下北炭）社員のための高級住宅街であった。その一角にある「旧北炭鹿ノ谷倶楽部」は、迎賓館として一九一五年（大正二）に建設され、約二万六〇〇〇坪もの広大な敷地に造られた、木造平屋の本格的和風建築である。一九一六年の東側第一別館、一九一九年の西側第二別館が増築され、渡り廊下でつながれた。和洋折衷の建物内部は、装飾や調度品が当時のまま残されている。まさに、炭鉱経営者の贅を尽くした象徴的な存在である。

坑員が山の斜面に連なる「炭住」に暮らす中、限られた人のみがその迎賓館の姿を見ることができた。北炭が全盛を極めた時代に建てられ、閉山の一九八三年（昭和五十八）まで使用されたが、一九五四年に昭和天皇・皇后両陛下も宿泊された。今は「夕張鹿鳴館」として、高級レストラン・ホテルに活用している。

幹部用住宅があった丘　北側には日本聖公会夕張教会堂と、北炭北海道支店石炭分析室、北の学習院と呼ばれた鹿ノ谷小学校も遺構として存在する。一九二六年建築の教会堂は、現在日本キリスト教会夕張伝道所として親しまれている。石炭分析室は、一九一九年建築でコンパクトな建物だが、コンクリートと煉瓦のコントラストがさりげない名建築である。このあたりは、石炭を運搬していた北炭夕張鉄道（現JR北海道石勝線）の鹿ノ谷駅を見下ろせる丘で、全盛期には高級住宅が並んでいた。

日本聖公会夕張教会堂

22

三菱南大夕張炭鉱、北炭夕張新炭鉱

夕張市清水沢清栄町
夕張市清水沢清陵町

巻頭地図4

最新鋭の設備を誇ったビルド鉱　夕張南部の鉱区では、一九〇六年（明治三十九）、南部地区に福山坑・錦坑・若葉坑が開発され、翌年に大夕張炭鉱会社が創立され、一九一六年に三菱（資）の経営となった。一九二九年に夕張川上流部で操業していた大夕張炭鉱は、北部に操業拠点を移行した。その後、一九六六年（昭和四十一）に三菱鉱業（株）は奥部第三竪坑を開発し、南大夕張開発事務所を設置し、三井三池有明鉱、北炭夕張新炭鉱などと共に「ビルド鉱」として開発された。一九七〇年に営業出炭を開始し、集中保安監視システムなどの技術でファクトリーオートメーション化し、工場の生産工程の高能率な自動化を図り、鉄鋼コークス用原料炭を産出した。第一・第二斜坑・排気竪坑の掘削を開始すると、昭和四十七年度には年産一〇〇万tの出炭を達成。副産品として坑内から湧出するメタンガスを原料としたメタノールの製造も行われ、三菱石炭鉱業（株）、南大夕張炭鉱（株）を経て、一九九〇年（平成二）の閉山まで稼動した。

これだけの炭鉱であったにもかかわらず、現在、採掘の遺構は残っていない。

日本有数のビルド鉱　北海道炭礦汽船（株）（以下北炭）夕張新炭鉱は、一九七三年のオイルショックを機に開発され、一九七五年（昭和五十）に最新鋭の設備を誇った「ビルド鉱」として原料炭を出炭した。しかし僅か七年後の一九八一年にガス突出事故が起こり、翌年に閉山となった。清水沢清陵町には夕張新炭鉱の竪坑へと向かう通洞坑口（水平坑道の坑口）があり、そこには往時のスローガン「我が新坑をがっちり守ろう。出稼と保安と生産で」を掲げた看板一基が現在も残され、操業時を今に伝える。丘の上には慰霊碑が建立されている。また、夕張線沼の沢駅（かっての夕張新炭鉱の石炭積み出し駅）近くに二本の斜坑口が残り、北炭終焉の場所としての佇まいを感じさせる。

旧北炭鹿ノ谷倶楽部と中庭

倶楽部の寝室

北炭北海道支店石炭分析室

夕張炭鉱坑口群

夕張新炭鉱通洞坑口（右手に慰霊碑・左手にスローガンを掲げた看板）

夕張新炭鉱通洞坑口

23

清《し》水《みず》沢《さわ》火力発電所、滝《たき》之《の》上《うえ》水力発電所、楓《かえで》鉱発電所（火力）

夕張市清水沢清栄町・滝ノ上《たきのうえ》・楓

巻頭地図4

北炭の心臓部となった火力発電所　北海道最大の炭鉱会社であった北海道炭礦鉄道（株）（以下北炭）の自家発電は、一八九八年（明治三十一）に幌内鉱に七・五KWの直流発電機を設置したのが始まりである。大正時代になると各坑の発展により、この設備では対応できなくなったため、一九二四年（大正十三）に滝ノ上水力発電所を竣工した。そして翌年、大規模な清水沢火力発電所の建設工事を起工して、一九二六年に竣工させる。一九五八年（昭和三十三）の清水沢火力発電所の発電能力は七万四五〇〇KWとなった。北炭はこのほか、滝之上と楓鉱発電所を所有した。大炭鉱であった夕張炭鉱を支えたこの火力発電所は、北炭の各坑へ送電したが、一九八二年（昭和五十七）に北炭真谷地炭礦（株）の所有後、一九九一年（平成三）に廃止となり、三年後には北海道企業局に譲渡された。現在、民間払下げの後、解体がすすんでいる。

この地にあった北炭夕張炭鉱清水沢鉱は、昭和初期に地質調査がおこなわれ、一九四七年に開坑した。最盛期には一四〇〇人の従業員が年間四五万tの石炭を生産し、一九八〇年まで稼動した。坑務所などが集約し鉱員が入坑していったこの場所には、現在、繰込所施設と安全灯室があり、木箱製造会社が利用している。付近には、竪坑跡とズリ山、マンサード屋根（寄棟屋根が二段勾配となっている）の社宅などの景観が目に映る。

北炭の社紋が煌く水力発電所　夕張川上流には竜仙峡という渓谷と千鳥ヶ滝という滝があり、自然が創り出した美しい景勝地となっている。この渓谷に北海道炭礦汽船（株）（以下北炭）が、建築した小規模水力発電所が滝之上水力発電所である。二階建煉瓦造りの内部は吹き抜け、切妻の屋根は鉄骨トラスで組まれており、当時の活気に満ちた発電所の様子が偲ばれる。入口上部のステンドグラス窓が特に美しく、北炭の社紋である青い円相に真紅の星の「五稜星」がきらめく。現在も、北海道企業局の水力発電所として使用されているが、隣接する滝之上公園の紅葉まつりの時期に内部が特別公開される。

煉瓦造の火力発電所 清水沢と滝之上の中間にある楓鉱発電所は、一九一三年の煉瓦造りの建物で、火力発電所として北炭の電力をおぎなった。二棟並列の構造となった切妻屋根が特徴である。清水沢発電所の完成に伴いその使命を終え、その後事務所として使用された。一九八八年（昭和六十三）に北炭真谷地鉱の閉山後「石炭ガラス工芸館」として使用されたが、長くは続かず、現存するホッパーとともに風化が進んでいる。

楓鉱には坑口がいくつかみられる程度で、近くの真谷地炭鉱にはシックナーが残るのみである。真谷地《まやち》炭鉱は、一九〇五年に北炭が、頭山満《とうやまみつる》と金子元三郎《もとさぶろう》両名からクリキ炭鉱（明治時代の真谷地炭鉱の呼び名）を譲りうけ、開坑したのがはじまりである。鉱区は真谷地・楓の二鉱からなり、石炭は原料炭として利用されていたが、一九八七年（昭和六十二）に国の政策である第八次石炭政策が実施され、閉山した。現在は、渓谷を挟んだところに跡地があるのみである。

北炭夕張炭鉱安全灯室

マンサード屋根の社宅

〈上・中〉
北炭滝之上水力発電所

楓鉱発電所

壊れゆく清水沢火力発電所

北炭夕張炭鉱繰込所施設

竪坑跡とズリ山

24

大《おお》夕《ゆう》張《ばり》鉄道南《みなみ》大《おお》夕《ゆう》張《ばり》駅

夕張市鹿島

巻頭地図4

三菱大夕張鉄道の車輌群　大夕張鉄道は、一九一一年（明治四十四）開業の大夕張炭礦専用鉄道が炭鉱の北部開発により延長され、一九三九年（昭和十四）に三菱石炭鉱業（株）が清水沢～大夕張炭山を開業した。鉄道は一九八七年廃止となったが、南大夕張駅跡には大夕張鉄道の客車や石炭貨車など、六両の車両を残している。ラッセル車のキ一（一九四〇年）を先頭に、客車のスハニ一（一九一三年）、貨車のセキ一（一九一一年）などがあり、なかでもオハ一は一九〇六年製の客車で、これらは三菱大夕張鉄道保存会が保存し、炭鉱遺産のひとつとして「北海道遺産」に認定されている。

付近には、南大夕張炭鉱殉職者慰霊碑・南部市民体育館・購買店など、三菱大夕張炭鉱の遺産が残っているが、購買店には操業当時の懐かしい遺物もあった（現在閉店）。

そのほか、この地には大夕張の美しい景観を構成する鉄道遺産が多く残っていて、一九五八年竣工した大夕張森林鉄道夕張岳線第一号橋梁は通称「三弦橋」といい、七連単純トラス橋[*1]で、総延長は三八一・八ｍにおよぶ。ただこの橋梁は、二〇一三年（平成二十五）完成予定の夕張シューパロダム[*2]完成とともに水没する運命にある。三菱大夕張鉄道旭沢橋梁（第五号橋梁）は一九二八年製で、橋長が七〇・四ｍある上路トラス橋である。通常の下路トラス橋の鉄桁を逆さまにした形が珍しい。

＊1　骨組みを三角形に組んだ構造の橋。上路は道が上に付き、下路はその逆。

＊2　夕張地区の農業用水を確保するため今ある大夕張ダムをかさ上げして造られている大型ダム

25

小樽港と鉄道遺産

小樽市手宮《てみや》

巻頭地図5

北海道開拓使が運営した道内初の鉄道　小樽は手宮を中心とした天然の良港で、一八九九年（明治三十二）に小樽港として開港した。開拓使札幌本庁で開拓使に登用され、その後、工部省、農商務省、逓信省を歴任し、八幡製鉄所長官にもなった山内提雲《やまのうちていうん》が、幌内から幌向太（現在の幌向）まで鉄道を敷設し、そこからは船舶により石狩川を利用して小樽港に石炭輸送する計画を進めた。そして北海道開拓使雇の技師でアメリカ人、J・U・クロフォードは、一八七九年に着手、翌年に官営幌内鉄道が北海道初の鉄道として手宮～札幌間に開業する。

小樽の港湾整備も順次進められ、一八八二年に幌内まで全通すると、手宮から船で石炭が輸送できるようになった。一九〇九年に国鉄の運営となった手宮線は、貨物線として石炭や海産物を運んだ。

手宮線の鉄道遺産　この北海道の鉄道発祥の地には、一九八五年（昭和六十）の鉄道廃止後、二〇〇七年（平成十九）に小樽市総合博物館（旧小樽交通記念館に小樽市博物館と小樽市青少年科学技術館の機能を統合した）が設置された。開業と同時にアメリカから輸入された蒸気機関車の七一〇〇形静《しずか》号や、大勝《たいしょう》号、客車の「い一号」などが展示されているほか、国内最古の機関車庫（二〇〇一年に重要文化財指定、二〇一〇年に創業時型に復原）が残っている。フランス積み赤煉瓦造りの貴重な機関車庫一号の近くには、一九一一年の手宮高架桟橋跡や、手宮線煉瓦擁壁が残っている。

整備された手宮線跡

三菱大夕張鉄道「キ１」ラッセル車

南大夕張炭坑殉職者慰霊碑

旭沢橋梁

小樽市総合博物館前のクロフォード像

〈下〉機関車庫一号、三号

旧手宮鉄道施設擁壁

26

庶路《しょろ》炭鉱、尺別《しゃくべつ》炭砿、浦幌《うらほろ》炭砿

釧路市音別町《おんべつちょう》・白糠《しらぬか》郡白糠町西庶路

巻頭地図6

忘れ去られた道内最初の炭鉱　北海道内の石炭鉱業は、一八五六年（安政三）に釧路市オソツナイで石炭を掘ったのが始まりといわれている。翌年、白糠で発掘されるが、その地に「石炭岬」というバス停が残っており、その名だけが史実を物語っている。釧路炭田は、春採《はるとり》（釧路市・釧路町・厚岸町《あっけしちょう》）、白糠（白糠町《しらぬかちょう》・音別町）、雄別《ゆうべつ》（阿寒町《あかんちょう》）・浦幌（浦幌町《うらほろちょう》）に分布する。

白糠町庶路付近では、安川敬一郎（60参照）が興した明治鉱業（株）が一九三九年（昭和十四）に庶路炭鉱として開坑した。一九五六年から竪坑の開発が進められたが、ガス爆発などの事故もあり一九六四年に閉山している。現在は選炭工場群のベルト斜坑や、土手で囲んだ雷管庫と火薬庫、転車台の跡などがある。この奥に庶路本岐炭鉱（株）も開坑し、明治鉱業（株）庶路鉱業所本岐鉱となったが、一九六九年に閉山となっている。遺構はかなり残っている。

また、旧新尺別駅の周辺は社宅と元生活館などが残り、栄町の牧草地帯では炭鉱住宅が現存し、ゆっくりと時を送っている。

隧道で結ばれた二つの炭鉱　尺別では一九一八年（大正七）に北日本鉱業（株）が尺別炭砿を開発し、浦幌では同年に大和鉱業（株）が浦幌炭砿を開発する。一九二八年には三菱鉱業（株）が買収し、雄別鉱業所の支坑とした。

三菱は奈多内坑を開坑すると、一九三六年に浦幌炭砿を買収し索道で尺別へ石炭を運んだ。そして、尺別と浦幌を結ぶため尺浦隧道を完成させ、六kmの軌道による運炭を行い、尺別炭砿専用鉄道が根室本線と直結すると、出炭は三八万tを超えるようになる。

今も尺浦隧道の両側には通洞坑口が残り、浦幌側の跡地は「みらいの森」となっている。また、浦幌の炭鉱住宅と栄町の炭鉱住宅の材料は、石炭灰を使用したと思われる脆弱な粘土質（シャモット）煉瓦を使用している。

27

雄《ゆう》別《べつ》炭砿

釧路市阿寒町

巻頭地図6 7

炭鉱の在りし日を語る施設群　雄別炭砿跡地には、一九五七年（昭和三十二）に完成した高さ五〇・八ｍもある総合ボイラー煙突がある。そしてこの煙突の周辺では、雄別炭山駅・雄別購買・選炭場・運搬トロッコ土台・鉄橋、雄別炭砿病院などを見ることができる。

病院は一九六八年完成で逆への字型の本館に回り廊下のつく二階建（屋上付）の構造に特徴がある。総合病院であった建物は閉鎖後、興味本位で訪れる人が増え落書きがされるなど、荒れている。そのすぐ裏の山手には封鎖された「雄別通洞」の坑口があり、鉱泉を流しながらこちらを見下ろしており、近くには坑口浴場が残るなど施設の数は少なくない。

雄別炭砿は、一八九六年（明治二十九）に山縣勇三郎《やまがたゆうさぶろう》の採掘からはじまった。山縣は長崎県平戸から北海道に移り、炭鉱開発を手がけた後、ブラジル移民のパイオニアとして活躍した。北海炭礦鉄道（株）が創業し、一九二三年（大正十二）に雄別鉄道が完成すると、三菱鉱業（株）が買収し、雄別炭礦鉄道（株）となった。この会社は炭鉱と鉄道の運営を行い、一九三八年（昭和十三）に「雄別通洞」が完成すると、戦後は雄別に選炭機能などを集約し、鉱業所は全盛時代を迎えるが、一九五九年に鉱業部門の雄別炭礦（株）と鉄道部門の雄別鉄道（株）を分離した。閉山間ぎわには便宜的に、鉄道が雄別炭礦（株）に吸収合併され、一九七〇年の閉山まで稼行した。

現在の雄別は無人地帯で、夏は人の背丈ほど雑草が茂り、ヒグマも確認されているので、石炭産業遺産の秘境といえる。山間にケーブル（後にエンドレスベルト）でズリを運び埋めていたのでズリ山はわからない。

例年、ボランティアが炭鉱跡地の草刈りをしているので、遺構の確認ができるので、その労に感謝したい。

尺別炭鉱の栄町炭鉱住宅

庶路炭鉱

尺浦隧道（浦幌町側）

明治本岐炭鉱

尺浦隧道（音別町側）

浦幌炭鉱の炭鉱住宅

二層式の風呂場

雄別通洞抗口

雄別炭鉱購買部

トロッコ台座

雄別炭鉱病院の回り廊下

ボイラー煙突

28

釧路炭鉱

釧路市興津五丁目他

巻頭地図7

日本に残る現役の坑内採掘の石炭生産会社　釧路市には、釧路コールマイン（株）釧路炭鉱という現役の炭鉱がある。二〇〇一年（平成十三）設立した日本で唯一の坑内掘り石炭生産会社で、閉山した太平洋炭礦（株）春採《はるとり》坑を縮小して引継ぎ、営業採炭（年間七〇万t）と中国・ベトナムなどから研修生を受け入れ、技術移転のための研修事業を行っている。

春採坑は、一八八七年（明治二十）に安田財閥の祖である安田善次郎が開発した。「春採」とは、アイヌ語で「岬のむこうの土地」という意味で、明治中期ごろまでは「春鳥」と表記されていた。その後、安田炭礦（株）から木村久太郎が買いとり、木村組釧路炭鉱を設立。一九二〇年（大正九）に三井鉱山（株）別保坑と合併し、太平洋炭礦（株）を設立している。

炭層は沖に向かって五〜六度の緩やかな傾斜で、市の中心街から八km以上沖の海底六〇〇m下に広がる。炭鉱の機械化に適しているため、幅が一三〇mという巨大切羽となる世界有数の機械化炭鉱として操業していることに感銘を抱く。

釧路の近代化は、釧路港の開港・整備と明治末期から大正・昭和初期にかけてのニシン・マグロの漁業に加え、明治中期から大正期にかけて石炭と製紙業が起こり、基幹産業としての形が整えられた。

現在、市内には二つの製紙工場、春採坑での採炭が続けられており、釧路の基幹産業は変わっていない。現役の炭鉱は、それ自体が大切な技術的資料で、日本の近代化を支えた人々の魂がそこにやどっている。人から人へ伝えていく「技術」を大切にしたいものである。

太平洋炭礦ベルトコンベアー

選炭工場

第二斜抗巻上機
（見学不可）

炭鉱《ヤマ》の唄・食べ物１

「北海盆唄」は幾春別炭鉱で発祥し、北海道各地で盆踊りに用いられた。もとは道内各地に広まっていた「ベッチョ踊り」という盆踊りで、これを広く普及させるため変化させた民謡だ。ドリフターズのバラエティ番組「八時だヨ！全員集合」（TBS）のオープニングでも替え歌で使われていた。三笠市では、毎年八月に「三笠北海盆おどり」が開催されている。

ハアー　北海名物（ハア　ドウシタ　ドウシタ）数々コラあれどヨー（ハア　ソレカラドウシタ）おらがナー　おらが国サーのコーリャ　ソレサナー　盆踊りヨー（エンヤー　コーラヤ　ドッコイ　ジャンジャン　コーラヤ）

ハアー　五里も六里も（ハア　ドウシタ　ドウシタ）山坂コラ越えてヨー（ハア　ソレカラドウシタ）逢いにナー　逢いに来たのに　コーリャ　ソレサナー　帰さりょかヨー（エンヤー　コーラヤ　ドッコイ　ジャンジャン　コーラヤ）

ハアー　主が歌えば（ハア　ドウシタ　ドウシタ）踊りもコラ締まるヨー（ハア　ソレカラドウシタ）櫓ナー　櫓太鼓のコーリャ　ソレサナー　音も弾むヨー（エンヤー　コーラヤ　ドッコイ　ジャンジャン　コーラヤ）

ハアー　盆が来たのに（ハア　ドウシタ　ドウシタ）踊らぬコラ者はヨー（ハア　ソレカラドウシタ）木仏ナー　木仏金仏コーリャ　ソレサナー　石仏ヨー（エンヤー　コーラヤ　ドッコイ　ジャンジャン　コーラヤ）

〈右上〉ガタタンラーメン

〈左上〉ナンコ料理

〈右下〉ジンギスカン

本州

内郷礦水中貯炭槽（常磐炭田史研究会提供）

概説

本州には東と西に主な炭田がある。東北の石城、双葉、茨城炭田（以上を常磐炭田という）と、山口県の宇部炭田、大嶺炭田である。

茨城県北部から福島県南部にかけて存在した本州最大の常磐炭田は、「常陸」と「磐城」にまたがっていたため、「常磐」と呼ばれた。常磐では、京浜に近いという地理的な利点もあって、戦後は本州最大の炭鉱として発展し、常磐線を主として京浜工業地帯へ石炭輸送がなされた。

常磐での出炭量は明治二十四年には一〇万tほどであったが、大正三年には二二〇万tとなり、昭和十九年に三七〇万t、昭和三十二年に最高の四二〇万tと、都心での需要が続いた炭田であった。

この地で初めて石炭の採掘・販売を広げたのは、茨城県の実業家であった神永《かみなが》喜八《きはち》（一八二四～一九一〇）である。石炭は、千葉の製塩用として用いられた。その後、福島県の商人であった片寄平蔵《かたよせへいぞう》が、一八五六年（安政三）採掘をしたことで広まり、江戸築地にあった軍艦操練所（幕府が海軍士官の養成のために設置した教育機関）に納入され、軍艦「咸臨丸」にも使用された。片寄のあとを引き継いだ加納《かのう》作平《さくへい》などの炭鉱主を輩出した。

その後、一八七二年（明治五）にイギリス人の工部省雇技師、J・G・H・ゴッドフレーの炭鉱調査で、山の麓では浅く東の海岸に下がっている石炭層が明らかにされる。

常磐では、一八九三年に吉田茂の父である竹内綱が、この地で白水炭礦（株）を設立し、川崎八右衛門が一八九五年に入山採炭（株）を経営するほか、一八八三年に第一国立銀行など多くの企業の設立に関わった渋沢栄一と浅野セメント（株）設立者の浅野総一郎らによって、磐城炭礦（株）が創立される。そして、一九四四年（昭和十九）に両社が合併し、常磐炭礦（株）となって一九八五年まで常磐炭田の中心となって採掘することになる。東京に近いことから一九八五年まで一三〇年にわたって続いた。

本州の西の炭田は、山口県にある大嶺炭田と宇部炭田である。大嶺炭田は、一八九七年（明治三十）に長門無煙炭鉱（株）が開発し、軍艦燃料用とするため一九〇四年に海軍省に移管された。一九二四年（大正十三）には山陽無煙炭鉱（株）に経営が移り、宇部興産（株）の傘下で一九七〇年まで操業した。

宇部炭田の開発は延宝年間（一六七三～一六八一年）に遡るといわれるが、一八九七年に、渡辺祐策《わたなべすけさく》が創業した匿名組合*沖ノ山炭礦の経営から本格的に始動し、日本有数の海

古河鉱業㈱好間鉱業所
（九州大学附属図書館記録資料館提供）

底炭鉱となった。それが一九四二年に宇部興産（株）となり、一九六七年まで炭鉱を操業している。現在、炭鉱の技術を生かして宇部興産（株）は発展し、化学を中心とした事業を行う大会社となった。

また、石炭の中でも最もカロリーが低い亜炭（褐炭）が国内で採掘されていたが、愛知県や三重県を中心に採掘場所が存在した。そのなかで美濃炭田と尾張炭田は特に規模が大きかったことが知られている。

＊ 当事者の一方（匿名組合員）が相手方（営業者）の営業のために出資をなし、その営業より生じる利益の分配を受けることを約束する契約形態をいう。

29

古《ふる》河《かわ》好《よし》間《ま》炭鉱

福島県いわき市好間町

巻頭地図8

古河鉱業のお膝元　常磐炭礦（株）の主力鉱は、磐城礦業所であった。磐城礦業所事務所及び湯本礦、磐崎礦は湯本駅から近く、内郷礦および常磐製作所も綴《つづら》駅から近距離にあって、それぞれ専用鉄道を敷設し、常磐線に直結していた。

一八一九年（文政二）に好間村で石炭が発見され、白井《しらい》遠平《えんぺい》が一九〇六年に好間炭鉱（株）を設立し、第一斜坑を開坑した。一九〇七年には綴〜籬《まがき》間の鉄道工事に着手し翌年完成すると、この鉱区を一九一五年（大正四）に古河《ふるかわ》市兵衛《いちべえ》が創業した古河（名）（現古河機械金属（株））で、古河グループの中核企業）が譲り受けた。古河鉱業（株）は一九一九年に隅田川炭鉱（株）を譲り受け、一九四三年に好間地区に竪坑を完成させ、大規模に操業するようになる。しかし、この近代的な炭鉱は、一九六四年に好間炭鉱（株）として古河鉱業が第二会社化とし、五年後に閉山している。閉山後は、跡地が工場となり、事務所は現在いわき興産（株）が使用している。戦意高揚のため美術学生の手によって一九四四年に作成された「産業戦士の像」も残っているが、旗を持った鉱夫像は他地域のものと趣を異にする。一人はスコップを持ち、一人のもつ旗は士気を高める意味をもつZ旗《き》である。また、専用鉄道跡の盛土帯や橋梁・隧道なども残る。大畑の小川には炭鉱と住宅を結んだ吊り橋もある。これらの遺構は石炭産業遺産の見学を実施している「いわきヘリテージ・ツーリズム協議会」に連絡すると案内してもらえる。時の経過を感じることができるのではないだろうか。

30

常《じょう》磐《ばん》炭《たん》礦《こう》内《うち》郷《ごう》礦《こう》

福島県いわき市内郷宮町《うちごうみやまち》

巻頭地図8

全国初の水中貯炭槽　常磐地区での採炭は一八八三年（明治十六）、浅野総一郎や渋沢栄一らが磐城炭礦社を発足したのがさきがけである。一八九三年に磐城炭礦（株）となり、一八九八年に現内郷鉱区で斜坑を開坑すると、一九一五年（大正四）に三星炭礦（株）の綴坑を買収している。その後大正年間に住吉一坑、住吉二坑、住吉本坑を開坑し、一九六五年（昭和四十）の閉山まで操業した。またこの間、戸部鉱業（株）が内郷坑、小野田坑の開発に着手している。現在の住吉一坑にある二つの坑口跡は重厚な石造りで、左側は石炭を運ぶ本卸、右側は坑夫を運ぶ連卸となっている。この上には煉瓦造りの扇風機上屋があり、坑内の空気を外へ排出し、地熱による坑内温度を下げる役割もあった。いずれも一九一七年に造られたものである。

常磐炭田最大の選炭工場　内郷礦中央選炭工場跡では、現存するポケットが目を引く。常磐炭田で最大規模を誇った選炭工場跡であることが、その遺構からわかる。その最新設備では、バウム型主洗機、重液選炭機を備え、一九二七年から運転開始し、月処理能力四万七〇〇〇tを誇った。一九五二年には綴と住吉の集約工場として完成し、坑外へ搬出した石炭からズリを除く作業を行い、塊炭と粉炭に分ける機械選炭設備で、飛躍的に選炭能力が向上した。また敷地には、全国初の水中貯炭槽が残っている。一九五四年に完成し、水中で石炭を保管することで、その品質低下を防いだ非常に珍しいものだ。

一九七二年閉山したが、子ども向けテレビ番組のスーパー戦隊シリーズ（テレビ朝日）の撮影場所になったこともある。

常磐炭礦茨城礦業所中郷礦ホッパー

〈右〉古河好間炭鉱産業戦士像

古河好間炭鉱事務所跡

内郷礦住吉一坑坑口

内郷礦中央選炭工場

31

いわき市石炭・化石館

福島県いわき市常磐上湯長谷町梅ケ平

巻頭地図8

いわき市石炭・化石館のシンボルとなった竪坑櫓　常磐炭礦（株）は一九五六年（昭和三十一）に、常磐線を境に湯本・鹿島・内郷礦は東部地区、磐崎・新磐崎礦は西部地区とよび、炭鉱の集約を計画した。そして、一九六五年にできたのが西部礦竪坑である。この竪坑櫓が閉山後、「いわき市石炭・化石館（ほるる）」に移設されている。その地は常磐炭礦（株）磐城礦業所の火力発電所や坑木置き場などがあったが、この博物館には、常磐炭田の歴史資料をはじめ模擬坑道・採炭機械類などが集められている。

常磐炭礦（株）は一九七〇年（昭和四十五）、常磐興産（株）と社名を変更し、石炭生産部門を常磐炭礦（株）とした。翌年、常磐西部炭礦（株）を設立し、閉山した磐城礦業所、中郷礦にいた従業員の失業対策をはかり、常磐炭礦（株）西部礦業所と名前を変え採掘を続けていく。しかし、一九七六年には閉山を迎え、常磐炭田における坑内掘炭鉱も消滅した。

磐崎礦石炭積込場

磐崎礦の石炭輸送の跡　梅ヶ平にある常磐炭礦（株）磐崎礦にも石炭積込場と選炭場が残っている。ただ、道路の上にある石炭積込場は、ポケットとともに、くさむらに埋もれている。これらの遺産の整備を行えば、地域にとっての十分な資産になると思われる。

32

常磐炭礦綴《つづら》礦

福島県いわき市内郷白水町・内町

巻頭地図8

三星炭礦の象徴、大煙突とズリ山　三星炭礦（株）は、加納五郎、松本孫右衛門、山崎藤太郎が一八九七年（明治三十）に興した。一八九九年には綴炭礦を開坑し、翌年には勿来炭礦・不動澤炭礦、一九一二年（大正元）に赤井炭礦を開坑した。綴礦の大煙突は一九〇九年に建てられ、高さ五〇・八二m、直径二・五七mを誇る三星炭礦の象徴である。麓に汽缶場があり、煉瓦の煙道を通り、丘の上の煙突で排煙される仕組みで、今もこの煉瓦造りの煙突は、山桜が繁殖するズリ山とともに遠望できる。

大日本炭礦（株）は一九一六年（大正五）に古賀春一が創業し、三星炭礦（株）が所有していた勿来鉱も買収した。続いて、高萩・磯原礦中心に茨城県で採掘したが、一九二二年に三井鉱山（株）の手に移った後は、先細りとなっていく。この間の石炭の輸送は、一八九九年から常磐炭礦専用鉄道内郷線の綴駅（現JR常磐線内郷駅）～峰根駅間が開設され、それまで馬に頼っていた石炭輸送が革新的に変わり、一九二二年には専用電車軌道が開通し、一九五九年（昭和三十四）まで資材や鉱員を運んだ。内郷線は、一九七二年の閉山まで輸送した。

常磐炭礦の歴史継承の地　閉山後、常磐炭礦（株）磐城礦業所各鉱にあった山神社群が、一九五一年に内郷山神社一カ所に合祀された。この内郷山神社にはローマのコロシアム（円形劇場）を髣髴《ほうふつ》とさせる相撲場が残る。かつては中心に屋根つきの土俵があり、山神祭や相撲の興行などでは階段状の観客席からは歓声が飛んだ。また、芝居小屋として明治三十年代に建てられた三函座《みはこざ》も、常磐湯本町にひっそりと残るが、ともに再興のときを待っているかのように感じる。

三函座

「ほるる」前の総決起の像と西部礦竪坑櫓

「ほるる」の模擬坑道（救助隊の展示）

三星炭礦の大煙突と常磐炭礦のズリ山（常磐炭田史研究会提供）

内郷山神社の相撲場跡

33

みろく沢石炭《すみ》の道

福島県いわき市内郷白水《しらみず》町

巻頭地図8

常磐炭田発祥の地　常磐で初めて石炭の採掘・販売を広げたのは、茨城県の神永喜八（一八二四～一九一〇）で、その後、福島県の片寄平蔵、加納作平などの炭鉱主が台頭してきた。片寄平蔵は笠間藩の、加納作平は湯長谷藩の御用商人であった。

炭鉱発祥の地とされる弥勒沢《みろくざわ》には、一九〇〇年（明治三十三）に作られた加納作平の顕彰碑がある。近くには片寄平蔵功徳碑が残るほか、茨城の神永喜八の墓所には「茨城無烟《むえん》石炭開祖」と記されている碑が残っている。個人がつくった「みろく沢炭鉱資料館」がある。館長の渡辺為雄氏が、炭鉱退職後経営していた養鶏場を改造し、資料館としたものだ。炭鉱を後世へ語り継ぐ事への想いから、手作りの木製炭車と巻上機も備えている。

常磐炭礦の石炭輸送　内郷白水地区で一八九五年（明治二十八）に興った入山採炭（株）は、一九二八年（昭和三）までに六坑開坑した。その後、一九四四年に常磐炭礦（株）が設立されると、神ノ山炭礦（株）と中郷無煙炭礦（株）を吸収合併し、一九八五年まで採掘する東北最大の炭鉱となっていった。

石炭輸送は、一八九五年に（合）白水軽便鉄道が高倉駅～湯本駅間を運行し、磐城炭礦専用軌道に接続し、湯本から小名浜港に運ばれ海上輸送していた。一八九七年には、磐城線綴駅（現JR常磐線内郷駅）～高倉駅間を開設し、常磐炭礦専用鉄道高倉線となった。高倉線は、一九五八年（昭和三十六）に廃止され、軌道跡地の大部分は市道になっている。

これらの石炭の道を歩くことで、常磐炭田の歴史を垣間見ることができる。

34

常磐炭礦湯本礦

福島県いわき市常磐湯本町

巻頭地図8

地下から湧き出る熱湯　三星炭礦（株）は、一九一三年（大正三）湯本に藤原坑として開削され、湯本地区は常磐炭田の中枢部として掘削が行われたが、坑内は温泉を排除しなければ石炭を採掘できなかったという暑さとの戦いだった。

常磐炭礦（株）磐城礦業所湯本礦第六坑人車坑の坑口は、一九四七年（昭和二十二）、戦後の日本経済復興の原動力となった鉱員を慰問するため昭和天皇が入坑されたところである。天皇が「あつさつよき　磐城の里の炭山に　はたらく人を　おおしとぞ見し」と御製を詠まれた。常磐炭礦（株）はこの磐城礦業所の閉山前に、離職者対策として西部炭礦（株）を設立し、失業対策としたが、一九七六年に閉山を迎えた。

周辺の坑口群　一九八四年、この跡地に「いわき市石炭・化石館」が建設された。ここにはフタバサウルススズキイや炭鉱資料が展示されている。敷地内に湯本礦第六坑など数多くの坑口が残り、駐車場付近には大きなコンクリート製の第五坑水平連絡坑がある。石炭採掘が大規模化して運搬坑道として造られたその坑口からは、今も鉱員たちが仕事を終えて出てきそうな雰囲気がある。

〈上・下〉
湯本礦にのこる坑口

みろく沢炭鉱資料館

加納作平の顕彰碑

湯本礦第五坑人道

〈左〉湯本礦水平連絡坑

湯本礦第六坑人道坑

35

常磐ハワイアンセンター

福島県いわき市常磐藤原町

巻頭地図8

太陽の楽園めざし一大転換　ゆたか台公園の一角には一九一三年（大正二）三星炭鉱が開坑した藤原坑があった。一九三〇年（昭和五）に閉山したが、三井鉱山（株）時代の「犠魂碑」とズリ山跡が残る。跡地は常磐炭礦（株）が購入するが、昭和三十年代後半、石炭から石油へのエネルギー転換政策により、地域経済は疲弊する。

それを救ったのは坑内の「温泉」であった。石炭一ｔを掘り出すのに四〇ｔもの湯を排出しなければならなかったといわれるほどで、これを利用すれば東北の地でも年間を通じ温暖な空間が創出できるとして、一九六三年（昭和三十八）、この跡地に日本のハワイ「常磐ハワイアンセンター」が計画されたのである。

フラガールの誕生　一九六五年、常磐興産（株）社長の中村豊が「常磐音楽舞踊学院」を設立し、一期生一八名がエンターテナー育成のために集められた。ハワイの伝統の踊り「フラ」やポリネシアの島々の民族舞踊を体感できる施設として、日本で初めてのテーマパークづくりがなされたのであった。この物語が二〇〇六年（平成十八）に『フラガール』として映画化され、大ヒットした。

現在はスパリゾートハワイアンズとなり、一九六六年の開業以来、五千万人もの客に、「ハワイ」に象徴される南の島へのあこがれと感動を与えてきた。館内ではタヒチアンダンス、サモアの火の踊りを観賞できるほか、フラ・ミュージアムが併設されており、炭鉱町とフラガールの生い立ちを解説している。

東日本大震災からの復興　二〇一一年三月十一日の東日本大震災で被災したスパリゾートハワイアンズだったが、二〇一二年二月に施設の全面再開をはたした。これには、フラガールたちの情熱が相当大きかったと思われる。「絆」のリゾート地として完全復活を期待している。

36

常磐炭礦磐《いわ》崎《さき》礦

福島県いわき市常磐上湯長谷町

巻頭地図8

小野田線沿いの炭鉱　常磐炭礦(株)専用鉄道小野田線沿いには、常磐炭礦(株)磐崎礦の石炭積込場やズリ山が見える。石炭積込場の上には丸い構造物のポケットや、長四角のホッパーも形状を留めている。

この南側に磐城炭礦(株)専用軌道が繋がっていたが、その場所には磐崎礦本坑などの施設が残っている。本坑は、現在もその坑口上部に扁額があり、坑口左には一八九七年(昭和三十)の磐崎連坑跡、人道坑跡も影を潜めている。ちかくには点検坑としても利用された扇風機座の風洞坑が所在し、石垣の上には半壊した煉瓦製の建物土台、少し先の道の両側にコンクリートの擁壁の切り通しなどが点在している。

矢乃倉鉱業(株)が操業した、矢ノ倉本坑の坑口はコンクリートで塞がれ、土砂に埋もれているが、その奥の新長倉坑に続くトロッコ線の隧道などが残っている。

大企業家の手の入った炭鉱　小野田地区には石炭露頭や炭鉱住宅が残る。小野田炭鉱は一八八四年(明治十七)に浅野総一郎、大倉喜八郎、渋沢栄一らが創立した磐城炭鉱社が買収し、一八八七年にはいわき地方で最初の鉄道が敷設され、一九〇七年には一五〇〇人の従業員を抱える炭鉱となった。一九六二年(昭和三十七)閉山したこの炭鉱の住宅には、紙屋根といわれている構造で、屋根にコールタールが塗ってある珍しい建造物が残る。フェルトの厚紙にコールタールを塗った通称「便利瓦」は、手軽に屋根をふけることから広がったが、九州でも見ることができる(49参照)。

〈上〉スパリゾートハワイアンズ

〈中〉フラダンスショー

三井藤原炭礦犠魂碑

磐崎礦本坑坑口

常磐炭礦磐崎礦石炭積込場
磐崎礦本坑連卸坑口

紙屋根の小野田炭鉱住宅

37

重内《しげうち》炭礦、常磐炭礦茨城礦業所 中郷《なかごう》礦、高萩《たかはぎ》炭礦櫛形《くしがた》礦

茨城県北茨城市磯原町・中郷町、茨城県高萩市

巻頭地図8

磯原の鉱業所　磯原町には茨城採炭（株）重内炭礦専用軌道跡と、山口炭鉱専用軌道跡がある。重内炭礦は一九一〇年（明治四十三）の創業で、一九六九年まで操業し、最盛期には八〇〇戸以上の住宅があったが、現在は炭鉱の施設が一部残り、跡地は子どもたちの遊び場となっている。一九〇六年に馬車軌道が開通し、一九二九年に蒸気機関車の導入を行なった雁ノ倉操車場跡には、レールと炭鉱住宅の一部が残る。炭鉱閉山からの時間の経過を感じさせる場所である。

　また、大日本炭礦（株）磯原礦業所跡地には工場や民家が建ち、炭鉱の面影はない。

高萩の大炭鉱　高萩地方で石炭の採掘がはじめられたのは、江戸時代の末期頃である。一八九四年（明治二十七）に高萩炭礦となった二年後、大江卓、竹内綱らは茨城炭鉱（株）を設立し、一九一一年に石岡地区に新坑を開削した。これが後の茨城無煙炭鉱（株）第二坑で、大倉鉱業（株）、入山採炭（株）に受け継がれ、中郷無煙炭礦（株）から常磐炭礦（株）茨城礦業所中郷鉱の第六坑と発達した。しかし、高度成長期には最新型の機械を導入した中郷新坑に着手したが、水没してオートメーション採炭がかなわず、一九七一年（昭和四十六）に廃鉱になった悲運の炭鉱でもある。

　現在、十石隧道の北側には常磐炭礦（株）茨城礦業所の第二坑や第六坑の跡、石岡地区の炭鉱住宅と線路跡を垣間見ることができる。高台の山神社からは炭鉱住宅とその南側の商店街跡が見渡せる。坂を上り詰めた平坦地に中郷礦六坑区世話所があり、これが「いわき市石炭・化石館」にある世話所のモデルである。

　東側には常磐興産（株）社長室茨城分室があり、茨城礦業所跡の記念碑が建っている。記念碑のとなりには、「中郷新坑」の扁額や、「常磐炭礦株式會社萩城炭礦神ノ山礦」、「常磐炭礦株式会社茨城礦業所」の事業所プレートなどが保存されている。また、社長室茨城分室の山手には、茨

城鉱業所倶楽部が残っており、現在も整備されている。
十石隧道の南側には中郷礦の石炭積込場が残り、向かいの椿ヶ丘団地から一望できる。専用鉄道の隧道や盛土帯も残り、ズリ山、選炭場、ホッパーなどの施設は、その規模が大きかったことをうかがわせる。

常磐炭田最南の炭鉱　日立市十王町には、高萩炭礦（株）櫛形礦があった。一九三七年の開坑後、東邦炭礦（株）を経て高萩炭礦（株）となり、一九七三年まで操業した。現在、ズリ山は整地されゴルフ場となっているが、原炭ポケット下部が残っている。

常磐炭田は海が近いこともあって、メヒカリという魚が好んで食された。メヒカリはアオエソのことで、オレイン酸やカルシウムを豊富に含んでおり、鉱内で不足するカルシウムを補ったことだろう。

茨城礦業所跡にある扁額

重内炭礦跡

茨城礦業所石岡地区炭鉱住宅

常磐炭礦茨城事務所六坑区世話所

常磐興産㈱社長室茨城分室

常磐炭礦茨城礦業所倶楽部

常磐炭礦中郷礦選炭場・石炭積込場

38

大日本炭礦勿来《なこそ》礦、常磐炭礦神ノ山礦

福島県いわき市勿来町
茨城県北茨城市関本町

巻頭地図8

福島県南部と茨城県北部の炭鉱　福島県で最も南にある勿来地区では、明治期に採炭を開始、その経営は三星炭礦(株)に移り、後の一九一七年(大正六)には大日本炭礦(株)勿来礦業所へと移り、一九六七年まで採掘された。今はズリ山が残るのみである。

　常磐炭礦(株)茨城礦業所神ノ山礦は、一九三八年(昭和十三)から一九七一年まで茨城礦業所の主力坑として採炭を行った。現在は、往時を偲ばせる炭鉱住宅が残り、炭鉱独特の雰囲気がある。県道沿いには、人気のない間口の狭いパチンコ屋や、酒屋、食堂、共同購入店などが閉山当時のままの姿にある。

巨大な石炭積込施設　県道の脇に入ると神ノ山礦があり、コンクリート構造物が残る。なかでも一九四六年(昭和二十一)完成の石炭積込場は、巨大である。一五〇×八mと八六×一八mの二つが並列している姿は壮観であり、常磐炭礦の中でも中郷礦と並び重要な炭鉱であったことが、この規模からもわかる。

　関本の炭鉱跡には現在、神ノ山社宅や神ノ山神社(現在は中郷山神社に合祀され鳥居のみ)が残る。炭鉱住宅には人影が少なく、山神社もひっそりとしているが、フラガールロケ地として使用され、見学者も多い。そこには、時間の経過を忘れるくらいの風景がある。

神永喜八墓所

39

東京炭鉱

東京都青梅市小曾木《おそぎ》

巻頭地図9

東京にもあった炭鉱　一九三五年（昭和十）に創業し、一九六〇年の閉山まで亜炭を採炭していた炭鉱があった。亜炭とは褐炭のことをいい、石炭の中でも最も石炭化度が低いものがそう呼ばれ、暖房用の燃料や肥料として使われている。この炭鉱跡には、青梅駅から都営バスで行くことができる。バスで山間を進むと、今も「東京炭鉱」のバス停がある。全国のバス停にも炭鉱当時の名称が残っているものがあり、特に筑豊ではその数が顕著であるが、東京に炭鉱があったことを証明する貴重な遺産である。

バスを降りると四方に緑が広がり、ほんとうに東京なのかといった山村の風景で、大都市と田舎の不思議な違和感がある。畑を進んでいくと、その脇に木の生い茂った場所があり、その木々が炭鉱の目印である。遺構は穴だけで詳細はわからないが、これが坑道上部にあたる。

東京炭鉱を経営した日豊鉱業（株）は、最盛期には四〇人前後の従業員がおり、毎日五〇〇ｔを産出していたという。現在、この会社は埼玉県飯能市阿須《あず》で武蔵野炭鉱を経営しており、国内唯一の亜炭採掘場所になっている。東京炭鉱は、この武蔵野台地にある炭鉱の一部であるが、本州には青森から山口まで五〇近い箇所に炭田が存在した。言い換えれば、四国を除く日本全体に炭田が存在したのである。そのなかで、通常の炭田ではなくカロリーの低い炭鉱を産出していた亜炭田がある。亜炭田といえば、本州では愛知県や三重県を中心に存在していたが、そのなかで美濃炭田と尾張炭田は特に規模が大きかった。現在の名古屋市や岐阜県土岐市でも亜炭田の炭鉱があり、その近くには蒲生炭田もあったが、詳細はわからない。東海地方は日本最大の亜炭の産地で、岐阜県可児の御嵩炭田、瑞浪の日吉炭田が特に知られているが、近辺には炭鉱跡の面影を残すものはないに等しく、バス停のみがかつて炭鉱があったことを伝えている。また、宮城県大崎市には、大崎市三本木亜炭記念館があり、重さ一〇ｔの亜炭塊を見ることができる。

常磐炭礦神ノ山礦石炭積込場

北茨城のフラガールロケ地（世話所と火の見ヤグラ）

東京炭鉱バス停

東京炭鉱跡を埋める作業（平成八年・武藤氏提供）

40

山陽無煙鉱業所

山口県美祢《みね》市大嶺町麦川町

巻頭地図10

海軍省が手がけた無煙炭鉱　大嶺炭田は一八七七年（明治十）頃からの採掘といわれ、一九〇四年に海軍省が長門無煙炭鉱（株）大嶺無煙炭鉱を買収し、内田鼎《かなえ》が請負採掘した。翌年、徳山に海軍煉炭製造所が設けられると、大嶺は海軍煉炭製造所採炭部となった。一九一二年（大正元）大嶺炭山を新原海軍採炭所の管轄と定め、一九一九年に海軍省直営の炭山となったが、一九二四年、海軍炭鉱は山陽無煙炭鉱（株）に経営が移っている。美祢市歴史民俗資料館には、一九一三年九月と一九一七年六月に製造された貴重な海軍練炭がある。

国内最大の無煙炭鉱として成長　一九四四年には、宇部興産（株）山陽無煙鉱業所となり、国内最大の無煙炭鉱として月産五万tを産出し、一九五三年には一〇〇万tを突破する。しかし、全国無煙炭の六割を産出したこの炭鉱も一九七〇年に閉山している。

現在の宇部サンド工業（株）の敷地には当時の施設がセットとして残る。一九三六年に、山陽無煙炭鉱が日産系の日本鉱業（株）の炭鉱として引き継がれたため、材料坑坑口のポータルには蔦に埋もれながらも「日産」の社紋が見える。白と黒を基調とした模様のラッパ状の美祢斜坑口や、鉱水が流れ出ているシックナー（石炭を水洗した後の廃水をタンクに流し込み、沈殿ろ過する設備）、原炭ポケットなどが残っており、山手にも、ボタ山、火薬庫など、炭鉱の仕組みを知る上で重要な遺跡を見ることができる。

操業当時、大嶺炭田には、家族を含めて約一万人が生活していたという。しかし、一九〇五年に開通し石炭を運んだＪＲ美祢線大嶺支線は一九九七年廃線となり、人々はこの地を後にした。現在の大嶺駅跡には起点（鉄道の始まりの位置を表した標識）を示すモニュメントだけがある。

41

美《み》祢《ね》炭鉱

山口県美祢市大嶺町荒川

巻頭地図10

海軍省の無煙炭採掘所　美祢市指定文化財の「美祢炭坑荒川水平坑坑口及び煉瓦巻坑道」は、明治時代の炭鉱の坑口をよく表している。美祢炭鉱は、一九〇四年（明治三十七）に海軍省によって開発された。荒川坑は区域の中心坑道とされ、海軍が練炭製造所採炭部を大嶺に設置してからのち、経営を続けていた。大正時代に民間に払い下げられ、一九七〇年（昭和四十五）に閉山するが、一九八〇年から吉部鉱業（株）美祢炭鉱として再開後、一一年間操業している。現在残るアーチ型の坑道は煉瓦巻で、「荒川坑」の文字の扁額がある坑口は、モルタル装飾がなされ、ポータルの美しさを主張している。

谷間に続く坑口群　荒川坑を山手に進むと、閉ざされた榎山炭鉱（株）藤浪坑の炭鉱事務所跡があり、コンクリート製の坑口がこちらを見据えている。そこから北へ進むと山神社があり、さらに五〇〇m先ほどに大明炭鉱（株）大明本坑があるが、一九七七年に閉山したその坑口もコンクリートで閉ざされている。すぐ横にある旧事務所は、今は地区集会所「横道会館」として使用している。山間に痕跡をとどめるこれらの施設に、炭鉱があったことの風情を感じる。

山の反対側は、山陽無煙鉱業所（株）の主力坑口であった豊浦斜坑坑口があるが、雑草地となった今はその姿も見ることさえ難しい。また、そのむかいに全国初の民間刑務所である「美祢社会復帰促進センター」があるが、ここは豊浦坑の社宅跡である。その旧道沿いは昔の商店街の面影が残るほか、豊浦山神社には記念碑などが当時を伝える。

原炭ポケット

山陽無煙鉱業所材料坑坑口

美祢市歴史民俗資料館にある海軍練炭

美祢斜坑坑口

大嶺駅跡のモニュメント

シックナー

荒川水平坑

藤浪坑

大明本坑

42

長《ちょう》生《せい》炭鉱

山口県宇部市西岐波《にしきわ》

巻頭地図10

海上から突き出た筒　宇部炭田の東端にある長生炭鉱は、一九一四年（大正三）に開坑し、八〇〇人が従事していた時もあった。周防灘の海岸線に沿った浅い地層であるため、海底陥没、海水進入による事故が多発した炭鉱でもある。一九四二年（昭和十七）に水没事故が発生し、一八三人の犠牲を出し閉山したが、犠牲者のほとんどは朝鮮人であったといわれている。

海上には「ピーヤー」と呼ばれるコンクリート製の円形型の筒が二本立っている。これは、炭鉱の入・排気坑としての役割を果たし、干潮のとき海面からその姿を出す遺構であるが、事故の歴史を伝える悲しい遺構でもある。ピーヤーの付近に黒崎という岬があるが、海岸に石炭層の露頭が点在しているところから名付けられたと思われる。

竪坑櫓が目印の宇部市石炭記念館　宇部市民の憩いの場所「ときわ公園」は、湖を囲む広大な総合公園で、遊園地、動物園、野外彫刻美術館などを備え、そのなかに宇部市石炭記念館が立地する。一九六九年に日本初の石炭記念館として誕生し、石炭採掘の三〇〇年の歴史が展示されている。高さ三七ｍの塔の部分は、東見初《ひがしみぞめ》炭鉱で実際に使われていた竪坑櫓を利用した展望台である。

宇部市内の炭鉱は一九六七年までにすべて閉山し、工業の主力は化学・建設資材・機械・金属等へ転換した。沖ノ山炭鉱の創業から飛躍的な発展を遂げたこの地は、一九二一年から県都・山口市に先んじて市制を施行するなど、現在もなお県内の産業を牽引し続けている。

43

渡辺翁記念会館

山口県宇部市朝日町

巻頭地図10

「共存同栄」沖ノ山炭鉱の生みの親　江戸時代に毛利家の家老であった福原家の領地だった宇部は、明治に入り福原《ふくはら》芳山《ほうざん》の手によって石炭開発がなされた。そして渡辺祐策《すけさく》が、一八九七年（明治三十）に匿名組合沖ノ山炭礦を創業し、これが、一九二八年（昭和三）に沖ノ山炭礦（株）と改組し、一九六五年創立の宇部興産（株）の基礎となった。

炭田は周防灘の海底を掘りそのボタで埋め立て、広大な干拓地とした。大正期から相次いで新規事業を興し、「有限の石炭から無限の工業へ」という理念に基づき、グループ会社を形成していった。「共存同栄（ともに生き、ともに栄える）」を唱えた祐策は、宇部のライフラインや港湾・鉄道の敷設にとどまらず、教育・文化面にも力を注いだ。

渡辺祐策の先進性をうかがわせる会館　その祐策の遺徳を偲んで建てられた渡辺翁記念会館は、一九三七年竣工の多目的ホールである。設計は広島世界平和記念聖堂などを手がけた村野藤吾。三階建、地下一階の鉄筋コンクリート造りで、流線型のモダニズム建築が魅力である。建築玄関には、炭鉱で発展してきた証である坑夫のレリーフが施され、敷地内には祐策の像もある。また、近隣には洋風建築の旧宇部炭鉱組合本社（一九四九年）もあり、清楚な美しさがある。

　いずれも渡辺祐策の先進性を示しているかのようだが、周辺には炭鉱住宅など、当時のいくつかの建物も散見でき、宇部独特の炭鉱社会の風情もある。

ピーヤー

宇部市石炭記念館

ときわ公園内の坑夫像

渡辺翁記念会館

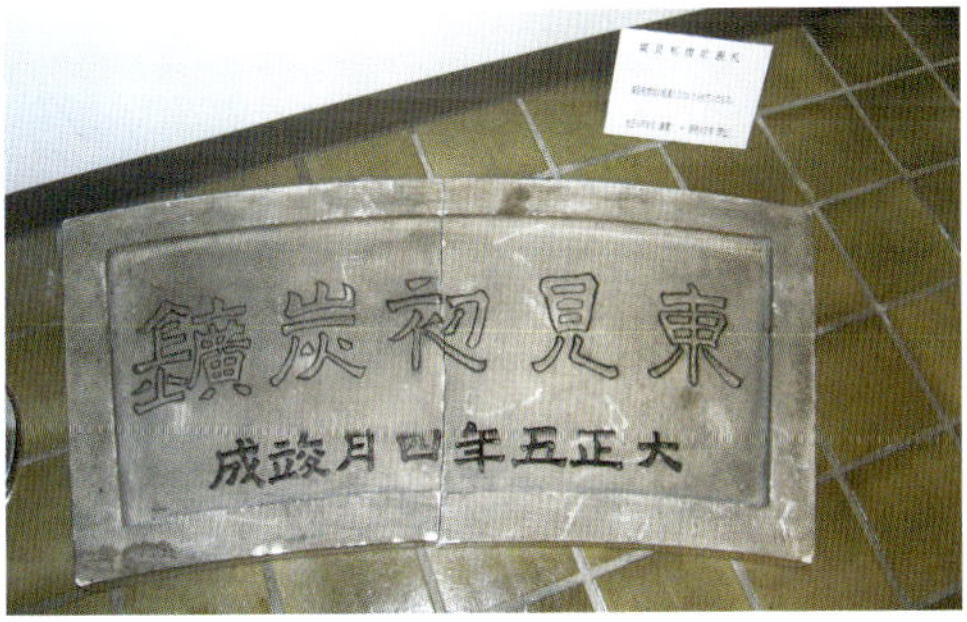

東見初坑口銘板

沖宇部坑口銘板

渡辺翁像

44

沖ノ山炭鉱

山口県宇部市大字小串、山陽小野田市

巻頭地図10

宇部海底炭鉱のシンボル　沖ノ山炭鉱は、渡辺祐策が興した沖ノ山炭礦（株）が、一九一三年（大正二）には、沖合に百間築島（一八二m四方の人工島）を構築した。さらに一九二二年、築島西の海中に新坑（大派竪坑・五段竪坑）を掘削した。

その象徴となった沖ノ山電車竪坑は宇部興産機械（株）の敷地内にあり、石垣は一九二五年頃までに築造された。櫓は一九六四年（昭和三十九）改修時のものであるが、高さは三〇・四mあり、宇部市に現存する数少ない初期の石炭産業遺産である。電車竪坑という名称は、一九五三年に大派竪坑の下に電車坑道に至る竪坑（地下二四八・五m）が追加掘削され、一九五七年に完成したところからそう呼ばれるようになった。この竪坑は海底で採掘された石炭を専用電車で引き上げるために作られた設備で、沖ノ山炭鉱の中心的役割を果たした。坑内では高速の電車が走り、月五万tの石炭を揚げていた。戦後は、宇部興産（株）の炭鉱部門は産業復興の担い手として生産増強にまい進し、沖合六kmの鉱区を採掘したが、一九六七年にその歴史の幕を閉じた。

その後、「沖の山コールセンター」が一九八〇年に開業し、今では中国やオーストラリアからの輸入石炭を年間約四五〇万t取り扱う、日本でも有数の石炭積上施設となっている。

山陽小野田市西沖には、沖ノ山炭鉱西沖ノ山鉱区がある。

宇部興産（株）宇部鉱業所　西沖ノ山では、沖ノ山炭礦（株）が一九三七年（昭和十四）に干拓事業に着手すると同時に、長沢炭鉱が創立され、海底へと採掘区域を拡げていった。

「二度と行くまい築島の炭鉱、長い桟橋恐ろしや」と謳われたように海底炭鉱は死ととなりあわせで、水害との闘いであった。西沖ノ山干拓は一四万二〇〇〇坪にわたり一九五三年に完成するが、現在の山口東京理科大学周辺が、鉱業所跡地である。新しい炭鉱であったため能率が高く、一九六五年まで操業した。

黒崎海岸の露頭（宇部市西岐波）

その南に位置する本山炭鉱斜坑坑口は、一九一七年（大正六）に大日本炭鉱（株）が主要運搬坑道として設けたものを、一九四一年に宇部鉱業（株）が拡張完成させたものである。一九六三年に坑口を閉鎖するまで使用され、坑道は沖合約三km、最深部約二〇〇mに及んでいる。形状は鉄筋コンクリート造りで側面は石組み、坑口のラッパ状の返しを特徴としている。かつてはこの坑口の横に事務所があり、周りには炭住が建並んでいた。今は住宅地となり、この坑口跡がなければ、炭鉱があったということなど想像ができない。

沖ノ山電車竪坑

沖の山コールセンター（中央：日本最長の私道を往くダブルストレーラ*）
＊石炭輸送トレーラのこと

西沖ノ山鉱業所跡

本山炭鉱斜坑坑口

炭鉱《ヤマ》の唄・食べ物２

常磐炭田では「常磐炭坑節」という仕事歌が歌われた。これは酒の座をにぎやかにするために謡われ、女性の気持ちを謡ったといわれる。

ハア　あさもはよからヨー　カンテラさげてナイ（ハァ　ヤロヤッタナイ）坑内回りもヨー　ドント　主のためナイ（ハァ　ヤロヤッタナイ）

ハア　遠く離れてヨー　逢いたい時はナイ（ハァ　ヤロヤッタナイ）月が鏡にヨー　ドント　なりゃ通いナイ（ハァ　ヤロヤッタナイ）

ハア　おらが炭鉱でヨー　見せたいものはナイ（ハァ　ヤロヤッタナイ）男純情とヨー　ドント　良い女ナイ（ハァ　ヤロヤッタナイ）

ハア　逢えばさほどのヨー　話もないがナイ（ハァ　ヤロヤッタナイ）逢わなきゃその日がヨー　ドント　すごされぬナイ（ハァ　ヤロヤッタナイ）

（後略）

山口県宇部市では「南蛮《なんば》音頭」が今に伝わっている。「南蛮」は竪坑の巻上機のことで、その車押しをする女性が謡ったものだ。一九三四年にはじまった「炭都祭」が起源の「宇部まつり」が毎年十一月に行われ、そこで踊られる。

ハー　南蛮押せ押せ、押しゃこそ揚がる　揚がる五平太の（ヤトッコセ）竪坑堀りヨ、サノ　アト山、サキ山お前はバンコかギッコラサ　揚がる五平太の（ヤトッコセ）竪坑堀りヨ

ハー　宇部の五平太は、南蛮で揚がる　揚がる五平太に（ヤトッコセ）花が咲くヨ、サノ　アト山、サキ山お前はバンコかギッコラサ　揚がる五平太に（ヤトッコセ）花が咲くヨ

ハー　花じゃ蕾じゃ、押せ押せ南蛮　枝に実もなりゃ（ヤトッコセ）葉も茂るヨ、サノ　アト山、サキ山お前はバンコかギッコラサ　枝に実もなりゃ（ヤトッコセ）葉も茂るヨ　（後略）

メヒカリ（いわき市の魚に制定されている）

九州・沖縄

「焚石に挑む」像と炭車（直方市）

概説

九州には北部に日本で最大規模の筑豊炭田と三池炭田のほか、福岡炭田、唐津炭田、北松浦炭田、西彼杵炭田などがある。また、中部には天草炭田があり、沖縄に八重山炭田がある。九州では、昭和三十年代前半まで全国の出炭量をリードしてきた。九州での出炭量は明治二十四年には一五〇万tであったが、大正三年には一六四五万tとなり、昭和十九年に二七五三万t、昭和四十三年に二〇〇八万tとなっており、九州の炭鉱が近代の日本経済に果たした役割は大きかったといえる。

福岡県の筑豊炭田は、その区域が筑前国と豊前国であったことに由来する。石炭は江戸時代中期から製塩の燃料として用いられ、小倉藩と福岡藩が管理下に置いた。

明治に入り、北九州市の八幡製鐵所の操業開始により生産量が増大して、戦前では日本最大規模の炭田に成長した。第二次世界大戦後も日本一の石炭産出量を誇ったが、低効率の炭鉱を廃止するスクラップ・アンド・ビルド政策が進められたことで、衰退していった。

筑豊の炭鉱は、中央の三井、三菱、古河という財閥資本で発展するが、地元から発展した「筑豊御三家」といわれる麻生、貝島、安川・松本家の人々が代表的資本家として芽生えた。これらは中央とのパイプをそれぞれに持っていた。

三池炭田は、一四六九年（文明元）に百姓である伝治左衛門が三池郡稲荷《とうか》山で石炭を発見したことから始まったといわれる。近代的な大規模開削は、一八七六年（明治九）にE・ムーセ（工部省雇技師）とJ・G・H・ゴットフレー（工部省雇技師）の調査、C・W・キンドル（鉄道寮雇）らの測量後、F・A・ポッター（工部省雇技師）が三池炭鉱に着任することにはじまった。一八八九年、三井組に払下げられ、一八九二年に三井鉱山（株）が創立されると、宮原坑を皮切りに坑口を開け、三井のドル箱といわれるまでに発展し、石炭で日本の近代化を支えてきた。しかし、一九五九年に石狩炭田が筑豊炭田の石炭生産量を抜くと、九州での生産は減少していく。翌年には三井三池争議が起こり、わが国労働史上最大の争議として全国にその名を轟かせた。そして、時代の移り変わりとともに一九九七年に三池は閉山するに至った。

佐賀県の唐津炭田では、明治期から杵島と相知を中心に中小の炭鉱が多く存在した。

長崎県でも、西彼杵《そのぎ》半島や島嶼《とうしょ》に炭鉱が点在した。長崎県高島では一八六八年（慶応四）に、佐賀藩とグラバー商会が本格的に炭鉱として開発し、一八六九年（明治二）から日本最初の西洋式竪坑で採炭を始めたのが北渓井坑《ほっけいせいこう》であった。そして代表的な炭鉱として高島炭鉱のほかに、端島炭鉱などが操業し、その中心となったのが三菱鉱業（株）であった。三井が三池を中心として発展したのに対して、三菱はここから日本の大企業として発展したのである。

熊本県では天草下島に天草炭田があり、明治期から地場の鉱主が小規模炭鉱を経営した。

日本最南端の沖縄県八重山諸島にも八重山炭田があり、小規模の炭鉱があった。沖縄での炭鉱のはじまりは、一八八五年（明治十八）に西表島で炭脈調査が行われてからである。一九三三年（昭和八）に、丸三炭鉱（名）宇多良鉱業所が開設され炭鉱村を形成するが、炭層は悪く感染症との戦いでもあった。一八八六年に、内離島で炭鉱をはじめた三井物産会社では一八八九年のマラリア罹患で事業を休止したほどで、一九六〇年には全て閉山した。

三井鉱山㈱田川鉱業所第三坑（九州大学附属図書館記録資料館提供）

45

若松石炭商同業組合（石炭会館）

福岡県北九州市若松区

巻頭地図11

石炭販売の拠点だった若松南海岸　若松港は、一八九〇年（明治二十三）に若松築港会社が設立され、築港工事を開始した。そして、一九〇四年に開港し、門司港から日本一の石炭積出港の座を継いだ。大正時代、洞海湾に面した石炭会社を中心とするビルが次々に建設された。現在、若松バンド（若松南海岸通りの明治から昭和期の建物群の愛称）として残る。当時、この港で石炭商をしていた佐藤慶太郎が、東京都上野にある「東京都美術館」の建設資金を全額寄付していたことからも、その繁栄ぶりがわかる。

石炭会館は、若松石炭商同業組合事務所として一九〇五年竣工した寄棟屋根の木造二階建である。旧古河鉱業若松支店ビルは、一九一八年（大正七）に大林組が建設、円筒塔屋をそなえた煉瓦造りの洋風建築である。現在は多目的ホールとして利用されている。また、三菱合資若松支店（上野ビル）や、大正時代に築かれた弁財天上陸場、ごんぞう小屋（復元）もある。「ごんぞう」は、石炭を沖の船に積込む沖仲仕《おきなかし》の呼び名だが、ごんぞう小屋はその詰所である。

そのほか、港には一九三一年（昭和六）の港銭《こうせん》収入所船舶見張り所も残っている。港を維持管理する入港料の監視のために設置された。港への石炭輸送量が増すにつれて、鉄道省は一九二〇年に若松駅を現在地に移転し、操車場を広げた。今のJR若松駅には、「セム一〇〇〇」石炭貨車が残され、この港の歴史は若築建設（株）が当地に造った「わかちく史料館」で学ぶことができる。

また、かつて石炭積出港であった門司港は門司港レトロとして整備され、重要文化財の門司港駅や三井倶楽部などが残り、人気の観光スポットとなっている。採炭施設以外の、こういった商業施設もあわせて見学してみるのも面白い。

46

旧明治専門学校標本資料室

福岡県北九州市戸畑区

巻頭地図11

財は天下公共のもの、すべからくこれを活用すべし　筑豊地区で明治鉱業（株）を興した安川敬一郎は、日露戦争での利益で、わが国で最も急がれた課題であった工業技術者の育成機関として、私立明治専門学校を建設し、鉱山工学科を設立した。敬一郎には「財は天下公共のもの、すべからくこれを活用すべし」という理念があったからである。

一九〇七年（明治四十）の設立時は、東京帝国大学総長を辞した山川健次郎に託し、四年制を導入して基礎教育及び専門教育並びに人格形成教育に力を注いだ。この学校は、一九二一年（大正十）官立となり、官立明治工業専門学校を経て、一九四九年に九州工業大学となっているが、採鉱・冶金・機械を中心とした学科からは、技術に堪能な人材を輩出した。

一九二七年（昭和二）に建てられた鉱山工学科の明治専門学校標本資料室の建物は、現在は九州工業大学の学生支援プラザとなり、建築当時の風格を漂わせている。

松本健次郎の邸宅　大学近くには、そのうちの一人、松本健次郎の邸宅がある。松本は、安川敬一郎の次男で、明治鉱業（株）社長から石炭庁長官を務めた人物だ。明治鉱業（株）は一九六九年に解散したが、（株）安川電機製作所（現（株）安川電機）、九州製鋼（株）（現新日本製鐵（株））、明治紡績（株）、黒崎窯業（現黒崎播磨（株））なども創設した。安川・松本の潮流は、現在も脈々と流れている。

木造の洋館と日本館等からなる旧邸のうち、一九一〇年建築の洋館は、東京駅や旧日本生命九州支店などを設計した辰野金吾・片岡安両人の辰野・片岡事務所が設計し、前年建築の日本館の設計は洋館の建築監督をした久保田小三郎が行った。洋館の外観は、柱などの骨組みをむき出したハーフティンバースタイルと、曲線的なフォルムを特徴とするアールヌーヴォー風のデザインである。現在は、「西日本工業倶楽部」の会館として利用されている。

若松石炭商同業組合事務所

古河鉱業若松支店

弁財天上陸場とごんぞう小屋

旧明治専門学校標本資料室

松本健次郎邸洋館

松本健次郎邸日本館

47 堀川と折尾駅

福岡県北九州市八幡西区・遠賀郡水巻町・中間市

巻頭地図11

堀川と川ひらた　北九州市には遠賀川の水を洞海湾に注ぐ、堀川運河がある。その工事は一六二一年（元和七）に始まり、洪水を防ぐためにつくられた。そして、取水口水門の中間唐戸《からと》（中間市）が一七六二年（宝暦十二）に、寿命《じめ》唐戸（北九州市八幡西区）が一八〇四年（文化元）に完成し、全長約一二kmが開通した。

一九〇一年（明治三十四）に官営八幡製鐵所が創業してからは、この運河が石炭の重要な輸送路になり、木製の川ひらたという船で洞海湾の若松に運ばれた。川ひらたは長さ約六m～一四m、横幅は約二m～二・七mで、船底が浅い。現在、折尾高校と芦屋町中央公民館に一隻ずつが残っている。

一八九九年（明治三十二）には川ひらたは八〇〇〇隻を数えたが、筑豊興業鉄道開通以後は、水運から陸運へ変遷していき、船頭の仕事が減り、鉄道会社と紛争する事態がしばしばあった。そして、一九三八年（昭和十三）を最後に川ひらたによる石炭輸送は途絶えた。しかし船頭達の「きっぷのよさと、喧嘩早いが、情にもろい」性格というものは、その後川筋気質として引継がれていった。これは、遠賀川流域の船頭達が竹を割ったような性格と、宵越しの金を持たないといった特性があったことにちなんでいる。

日本初の立体交差　筑豊興業鉄道は、一八九一年に、若松～直方間（現在の筑豊本線）を開業し、一八九五年に九州鉄道と共同で折尾駅を建設した。また翌年からは直方～飯塚間と、直方～金田間（現在の平成筑豊鉄道伊田線）を延伸し、その後も小竹～幸袋間（後の幸袋線）、飯塚～臼井間（後の上山田線）を開業するなど、筑豊一帯は縦横無尽に鉄道網が発達した。

そのなかで、筑豊本線と鹿児島本線との交差点であった折尾駅は、石炭運輸上非常に重要な地で筑豊の石炭九〇〇万tが集中する場所であった。そこで、交通の流れを止めないためにも、十字立体交差としたのであった。

駅舎は、立体交差構造で建てられた日本最初の駅舎で、一九一六年（大正五）建築の木造総二階建、待合室の丸椅子が当時を忍ばせるほか、高架下の赤煉瓦通路などがある。

また、交通の要衝を窺わせるのが、近くにある一九一四年開通の九州電気軌道黒崎‐折尾間（西鉄北九州線）である。これは、北九州線の黒崎方面から折尾駅前に電車を乗り入れする軌道として造られた。この電車が道路と斜めに立体交差をするため、折尾高架橋が「ねじりまんぽ」という構造で造られたのだ。「ねじりまんぽ」はねじれをいれた坑道という意味で、煉瓦を斜めに積み上げるめずらしい構造である。

ねじりまんぽ

港銭収入所見張所

若松港（昭和初期）（九州大学附属図書館記録資料館提供）

中間唐戸

寿命唐戸

川ひらた

〈上〉折尾駅

〈左〉折尾駅と立体交差

若松駅ホーム

48

十字架の塔

福岡県遠賀郡水巻町

巻頭地図11

オランダ兵捕虜の墓碑　水巻町周辺には、日本炭礦（株）高松炭鉱一坑や貝島炭鉱（株）大辻炭鉱、三菱鉱業（株）新入炭鉱があった。その高松炭鉱の関連遺産として、水巻町歴史資料館裏に、一九四五年（昭和二十）竣工した「十字架の塔」がある。第二次大戦中、オランダ兵を中心とする捕虜を拘束する収容施設が水巻にあり、連合軍の捕虜を炭鉱労働に従事させていた。八七一人のオランダ兵の内五三人が病気などで亡くなったが、敗戦が間近になると、戦争犯罪の追求を恐れた日本炭礦（株）が、小さな慰霊碑を建立した。十字架を配したコンクリート造の白い墓碑は、今では日蘭友好のための記念碑となっている。

そのほか、大陸からの炭鉱労働者の集団移入は、一九三九年以来朝鮮人を中心に行なわれた。一九三九年には、各社が募集員を現地に派遣した直接募集、一九四二年以降は朝鮮総督府内に設けられた朝鮮労務協会が主体となっての官斡旋募集が行われた。一九四四年九月には徴用制が実施となった。徴用制度は二度と繰り返してはならない出来事である。

高松炭鉱の象徴　同じ敷地内には、高松炭鉱の「躍進」像がある。昭和初期の彫刻家・圓鍔勝三《えんつばかつぞう》作による銅像で、坑口付近から旧事務所敷地内に移された後、二〇〇六年に図書館敷地内に移築保存された。高松炭鉱は、大正時代に三好徳松が創業した炭鉱を一九三四年に鮎川義介《あゆかわよしすけ》が買収し、日産化学工業（株）などを経て一九六六年まで操業した。今は水巻町頃末の旧事務所跡に、正門だけが残るのみである。

49

鞍手炭鉱

福岡県鞍手郡鞍手町大字新延《にのぶ》

巻頭地図11

鞍手町に残る二つの炭鉱　鞍手町にあった新入炭鉱は、一八八九年（明治二十二）に三菱（合）が譲り受けてから、一九六三年（昭和三十八）まで操業した。現在は、新入炭鉱第六坑のコンクリート遺構が一部残っている。一九三四年に開坑した鞍手炭鉱は一〇年後、三菱鉱業（株）筑豊鉱業所の鞍手坑第二坑となり、一九六三年まで存続した。現在、台座の一部が残っているほか、古門口には常磐炭鉱でもふれた紙屋根の住宅がある（36参照）。

また、鞍手町新延には大正鉱業（株）泉水炭鉱の一つである水平坑の煉瓦造坑口が残っている。一九五八年に閉山し、炭鉱住宅は町営住宅となっており、わき道にあるその坑口からは鉄分を帯びた鉱水が流れ出ている。大正鉱業（株）は一九一四年（大正三）に伊藤伝右衛門と古河虎之助が共同で興した会社で、ほかに中鶴炭鉱、新手炭鉱などがあった。鞍手町歴史民俗資料館には、泉水炭鉱の「SENSUI COALMINE」と標記された扁額が残るが、伝右衛門が経営した宝珠山炭鉱扁額と同形状の御影石で製作している（66参照）。

海軍予備炭山の行く末　小竹町には御徳炭鉱があった。この炭鉱は、一八八八年に海軍予備炭山に指定された後、堀三太郎が一八九六年に開坑し、御徳炭鉱（株）、帝国炭業（株）を経て明治鉱業（株）が買収した。一九六三年まで操業している。炭鉱跡地は工業団地・住宅団地に変わるものが多いが、ご多分に漏れずこの地も工場や団地となり、面影はない。

十字架の塔

躍進像

〈上〉新入炭鉱第六坑台座

〈左〉紙屋根住宅

泉水炭鉱の水平坑

50

目尾《しゃかのお》炭鉱

福岡県鞍手郡鞍手町大字永谷・新延《にのぶ》

巻頭地図11

エポックメイキングな揚水ポンプ　目尾炭鉱は、一八八〇年に杉山徳三郎が開坑した炭鉱である。徳三郎は炭鉱に関する技術を学び、翌年にスペシャルポンプの揚水にはじめて成功し、これを機にこの揚水ポンプが新入《しんにゅう》炭鉱、豊国炭鉱、明治炭鉱、赤池炭鉱と次々に採用されていった。明治のはじめまで、炭鉱内の沸水については、人力の水汲樋で地上まで上げていた。これが蒸気機関のポンプにより、画期的な揚水がおこなわれるようになったのである。

目尾炭鉱自体は一八九六年に古河鉱業（株）へ譲渡され、一九六九年まで続いた。近年の発掘調査では、煉瓦のポンプ座などの遺構が確認されているが、こういった地道な作業から遺産の価値が高まることは間違いない。

圧制ヤマと呼ばれた炭鉱　新延には日満鉱業（株）新目尾炭鉱長谷鉱業所の坑口が残る。新目尾炭鉱は、一九一〇年（明治四十三）頃には古河鉱業（株）の所有になり、日満鉱業（株）などへと移りかわり、一九六二年（昭和三十七）閉山した。現在炭鉱敷地は工場となっている。そこから西へ約一km先の真教寺の山道を登っていくと鬱蒼《うっそう》とした竹林の中に斜坑が三ヶ所残っており、一つの坑口には「新目尾炭砿」の文字が見える。

この地区には一九六〇年代まで中小の炭鉱がひしめいていた。これらの炭鉱は「圧制ヤマ」といわれ、坑夫たちは大豆や麦といった食事で、重労働を強いられたという。また、戦時中（昭和十五年頃）は約千人規模の炭鉱で、その内の約半数が朝鮮人坑夫たちだったともいわれている。筑豊には作家の上野英信がいるが、彼はこうした中小炭鉱に生きる人々の生き様を記録し続けた。

51 大之浦炭鉱

福岡県宮若市大字上大隈

巻頭地図11

巨大な露天掘り跡　貝島炭鉱（株）大之浦炭鉱の中央露天掘り跡は、現在は巨大なため池になっている。この南側にあった貝島大之浦小学校は、現在宮若市石炭記念館となっており、敷地内には大之浦二坑および第二大之浦炭鉱の坑口記念碑、貝島炭鉱創業之地碑、殉職者慰霊碑がある。

貝島炭鉱創業者の貝島太助は九歳の頃から採炭を手伝い、一八八五年（明治十八）大之浦竪坑（旧一坑）の開鑿に着手し、宮田村、笠松村、香月村、佐賀県厳木村で炭鉱開発を行った。

貝島炭鉱（株）は炭鉱夫の貝島太助が裸一貫から叩き上げた会社で、太助は石炭王といわれた伊藤伝右衛門に「親父」と慕われていた男である。その炭鉱は、一九二四年（大正十三）には菅牟田、桐野、満之浦の三鉱を一括して大之浦炭鉱と称し、年間一七〇万tを生産し、一万三〇〇〇人余の従業員がいた。その象徴でもある中央竪坑櫓（現存せず）は、一九五三年（昭和二十八）に完成した高さ五四m、深さ四三〇mの巨大なものであった。宮若市石炭記念館にその模型がある。また、敷地には一九一九年製造のアルコ二二号機関車が残るが、貝島炭鉱がアメリカ・ロコモーティブ・カンパニーに発注し、一九七六年まで使用されたもので、その形から弁当箱と呼ばれている。

己の蓄財をしない筑豊の炭坑王　露天掘りは一九七六年に終了し、今はほとんどが埋め戻され、工業団地になろうとしている。貝島太助は井上馨《かおる》の知遇を得て、三井家と結びついたが、会社は太助の四男・太市の死後に清算した。現存する「貝島本社」バス停だけが炭鉱会社の存在を伝え、直方市の円徳寺に寄進した豪華な仏檀や、太助の弟六太郎の邸宅（通称・百合野山荘）が繁栄ぶりを伝えている。遺構としては、長井鶴の貝島第六坑巻上機台座・記念碑と、病院跡の松石（珪化木《けいかぼく》）の石垣が存在する。

竹林の中の新目尾炭鉱坑口

目尾炭鉱跡

発掘された目尾炭鉱ポンプ座

大之浦露天掘跡

アルコ 22 号機関車

〈右下〉宮若市石炭記念館にある鉱夫像
「復権の塔」の原型
〈左下〉円徳寺の仏間

52

筑豊石炭鉱業組合直方《のおがた》会議所

福岡県直方《のおがた》市大字直方

巻頭地図11

直方市石炭記念館本館　一九一〇年（明治四十三）に建てられた筑豊石炭鉱業組合直方会議所は、現在、直方市石炭記念館の本館となっている。筑豊石炭鉱業組合は一八八五年設立の石炭産業最初の組合団体である。石炭記念館となったのは一九六九年（昭和四十四）で、木造二階瓦葺きの洋風建築は胴蛇腹《どうじゃばら》の外観が特徴的だ。中には日本最古の防毒マスクなど貴重な資料が展示されている。

建物裏手には、練習用模擬坑道が残る。一九一五年（大正四）にはここに安全灯試験場が開設され、一九二三年に同組合救護練習所を設置し、救護隊員養成と救命器使用訓練に組織的に取り組んでいた。戦時下に石炭統制会、九州石炭鉱業協会などの所属になり、一九五二年には九州炭鉱救護隊連盟が設立され、その直方練習所となっている。

直方市内の遺産　直方市街には堀三太郎邸がある。三太郎は、海軍御徳炭鉱の払い下げを受けて堀鉱業（株）を設立し、長崎の炭鉱経営にも手を伸ばした人物で、一八九八年建設の邸宅は現在、直方歳時館として復元保存されている。

直方駅近くには大之浦炭鉱を操業した貝島太助の邸宅跡があり、現在、多賀町公園となっている。遠賀川中洲には、直方駅前にあった一九五四年製作の坑夫像が、一九九六年（平成八）に移設されている。直方駅舎も一九一一年竣工の貴重なもので、筑豊炭田の石炭輸送をおこなう起点となる中核駅だった（二〇一一年に解体）。

また、遠賀川の東にある筑豊高等学校には、鉱山歴史資料室がある。この地には、一九一九年に筑豊石炭鉱業組合の「筑豊鑛山學校」が創立され、筑豊の石炭鉱業の発展に目覚しい功績を果たした。学校は石炭鉱業の衰退によって工業高校から普通高校へと変わっているが、歴史資料室ではかつての筑豊工業高校ＯＢが集い、鉱山関係の資料を管理していることは喜ばしいことである。

53

方城《ほうじょう》炭鉱、豊国《ほうこく》炭鉱、鯰田《なまずた》炭鉱

福岡県田川郡福智町伊方《いかた》、糸田町、飯塚市鯰田

巻頭地図11

日本史上最悪の炭鉱事故　方城炭鉱は、三菱（資）が一九〇二年（明治三十五）に開削に着手した。三菱鉱業（株）筑豊鉱業所となってから、一九三一年（昭和六）の鉱夫数は約一五〇〇人であったが、一九六二年に閉山した。なお、一九一四年（大正三）にはこの炭鉱で死者・行方不明者六八七人の爆発事故があったが、これは日本近代史上最悪の炭鉱事故であった。

機械工作室は、明治期にドイツ人技師により建てられたもので、構造は煉瓦造二階建塔屋付のスレート葺で、建設当初は扇風機室として利用された。現在は「九州日立マクセル（株）赤煉瓦記念館」として地域の人々に公開し、一階は製品展示室、二階はゲストルームとして利用している。敷地内には三菱方城炭礦選炭場・圧気室・鉱員風呂等が残る。それぞれが蔦に絡まり、周囲の風景に溶け込んでいることは素晴らしい。

豊国を願った炭鉱　糸田町には平岡浩太郎が経営した豊国炭鉱がある。平岡は、一八八一年に進藤喜平太、頭山満、箱田六輔等と共に政治結社「玄洋社」を組織し、炭鉱の資金はその政治的活動に使われた。ただ、一八七九年に始まった豊国炭鉱は、一八九九年の爆発事故で死者・行方不明者二一〇人、一九〇七年にも死者・行方不明者三六五人をだしたため、同年に安川敬一郎が買収。翌年に明治・赤池・豊国の三坑をあわせて明治鉱業（資）となり、豊国鉱業所として一九六〇年（昭和三十五）まで操業を続けた。現在はコンクリート造の選炭機台座が残っている。

また、飯塚市の鯰田炭鉱は一八八〇年（明治十三）麻生太吉が開坑したもので、一八八九年に三菱（資）が受け継ぎ、約三五〇〇人の鉱員を抱えた。一九七〇年（昭和四十五）に閉山し、今は三菱鯰田炭鉱跡碑が残るのみとなっている。

写真右側が筑豊石炭鉱業組合直方会議所
(左右両方の建物が直方市石炭記念館)

直方市石炭記念館にある
日本最古の防毒マスク

筑豊鉱山学校の表札と校旗

〈上〉三菱方城炭鉱機械工作室

〈中〉風呂場

〈右下〉圧気室

〈左下〉明治豊国炭鉱施設

54

赤池炭鉱

福岡県飯塚《いいづか》市勢田

巻頭地図11

筑豊御三家の一人　明治鉱業（株）赤池鉱業所は一八八六年（明治十九）に始まり、一九六五年（昭和四十）まで続いた息の長い炭鉱だ。現在、明治鉱業（株）の事務所が残っているが、木造二階建ての正面には崩れかけた炭鉱のマークが哀愁を漂わせている。

筑豊での石炭地場資本の中でも、勢田の明治鉱業（株）は、一八八六年（明治十九）に筑豊御三家の一人、安川敬一郎が開発した。「筑豊御三家」とは、筑豊地方で炭鉱を経営した地方財閥で、麻生・貝島・安川（松本）家のことをいう。敬一郎は、一八四九（嘉永二）年に福岡藩士徳永省易（貞七）の四男に生まれた。織人《おりと》・潜《ひそむ》（松本家へ養子・明治鉱業（株）経営）・吉三郎（のち幾島徳・相田炭坑経営）の兄がいて、長男を除いて養子になっている。一六歳で安川家の養子となり、一八六六年（慶応二）、家督を相続した。

一八八九年（明治二十二）、安川は平岡浩太郎と開発した赤池炭鉱や、高雄坑（後の日本製鐵（株）二瀬鉱業所）の開坑を通じて、三菱とのつながりを強め、一九一九年（大正八）に明治鉱業（株）を設立すると、一九二六年（昭和元）には三〇〇〇人近くの鉱員をかかえるまでとなった。潜・敬一郎兄弟の率いる明治鉱業（株）は、北海道でも昭和鉱業所（3参照）、上芦別鉱業所（10参照）、庶路炭鉱（26参照）を経営する大手炭鉱に発展した。

鉱員を愛した炭鉱王　安川は鉱員の厚生関係に手厚く、一八九九年に納屋制度の廃止を打ちだした。納屋制度は、坑夫（鉱員）を長屋式の納屋に住まわせ、それを納屋頭領が監督する方式であり「いやな人繰り（就業の監視人）、邪険《じゃけん》な勘場（賃金の支払人）、情け知らずの納屋頭」という言葉のように、坑夫の生活を縛っていた。一九二二年には、納屋制度は国会決議により廃止され、会社が直接鉱員を管理する直接制度となった。

55

麻生太右衛門邸《あそうたえもん》

（麻生大浦荘）

福岡県飯塚市立岩

巻頭地図11

財閥をつくった二人の邸宅　麻生鉱業（株）は、一八七二年（明治五）に創業者の麻生太吉が目尾の御用炭山を採掘し、石炭産業に着手したことにはじまる。一九一八年（大正七）に（株）麻生商店としてから、鯰田炭鉱、忠隈炭鉱を開坑し、一八八五年に吉隈炭鉱を開発、一九六八年（昭和四十四）まで採掘した。太吉は、（株）嘉穂銀行頭取や九州鉄道（株）取締役などに就き、貴族院議員も務めている。

大浦荘は大正末期、炭鉱主の麻生太吉（麻生太郎・第九二代内閣総理大臣の曾祖父）が一九二四年（大正十三）太右衛門邸（太右衛門は太吉の長男）として完成させたといわれ、約三〇〇坪の庭園をもつ。現在は毎年二回の一般公開がされ、春は雛祭り、秋は庭園の楓や櫨の紅葉が目玉となっている。

裏手の小山を挟んだ隣接地は麻生本家（太吉邸）である。約二七〇〇坪の敷地内に一九一〇年に建築され、大正期にかなりの改造がなされた。麻生邸の玄関は、いずれも大きな門構えと、大樹の植え込みを持つ純和風建築として名高い。ほかに別荘として建てられた津屋崎荘も同じつくりで、現在も会社の保養所（麻生健康保険組合津屋崎保養所）として使用されており、手入れが行き届いている。

それぞれの玄関は車寄せがあるが、これに麻生邸の特徴がある。それは車寄せの中央にある人の二倍程の高さのある樹木である。樹木は、ヤマモモ、キンモクセイ、ギンモクセイからなっており、ヤマモモは六月ごろに赤い実をつけ、モクセイは九月ごろに香気ある花を咲かせる。来客を快く迎えたことだろう。

付け加えると、麻生を含めた「筑豊御三家」といわれる資本家らは、中央とのパイプをそれぞれに持ったが、とくに麻生太賀吉《たかきち》（麻生太吉の三男、妻は吉田茂の三女、麻生太郎の父）は吉田茂元首相のバックアップをし、政界と財界の連絡役を務めた人物でもあった。

明治炭坑本事務所

明治炭坑本事務所（操業当時）
（旧福岡県立筑豊工業高校同窓会提供）

明治炭坑の遺構

麻生大浦荘

麻生本家

〈左〉麻生家別荘（津屋崎荘）

56

伊藤伝右衛門邸

福岡県飯塚市幸袋《こうぶくろ》

巻頭地図11

成りあがりが見た光と影　伊藤伝右衛門は中鶴炭鉱・泉水炭鉱（49参照）で成功した炭鉱主である。その中鶴地区には現在、中間市立図書館・歴史民俗資料館がある。敷地内には、大正鉱業（株）中鶴炭鉱炭砿偲郷碑が建てられ、その下には中鶴新坑、新一坑坑口の扁額《へんがく》が置かれていることはあまり知られていない。

一九〇六年（明治三十九）に開坑した中鶴炭鉱の実績は良く、「コチの頭に姑しらずの身がある」という言葉がある。これは、姑（麻生）は鯛などの高級魚を食べ、嫁（伊藤）は鯒《コチ》（雑魚）を食べるが、その良味は嫁にしかわからないということを言ったものだ。伝右衛門は、一九一四年（大正三）古河鉱業（株）との共同出資で大正鉱業（株）を設立した。その後、二坑、三坑と経営を行い戦後、五坑まで開発し、一九六四年（昭和三十九）に閉山を迎えた。この間、伝右衛門は十七銀行（現福岡銀行）取締役、衆議院議員としても活躍している。

伝右衛門邸は、家屋五棟と土蔵三棟からなる和洋折衷の近代住宅である。約四五〇㎡の庭園は、日本庭園の集大成ともいわれる池泉回遊式庭園で山水の景色を作り、順路に石造の太鼓橋や灯籠が配置している。その変化にとんだ展望に優秀な庭園意匠が認められ、国の名勝となっている。

一九一二年、伯爵家の柳原燁子《やなぎわらあきこ》（白蓮《びゃくれん》）は二七歳で、五二歳の伝右衛門と再婚する。新居用に建築された建物には、和洋折衷の美しさと、繊細で優美な装飾を随所にちりばめている。それは成り上がり者である伝右衛門の、白蓮に対する気遣いであった。しかし、この邸宅での彼女の生活は短かく、社会運動家の宮崎龍介と姦通し、一九二一年に失踪するのである。この出来事がスキャンダルとなり、一九二三年に離婚、白蓮は華族から除籍されている。

57 嘉《か》穂《ほ》劇場、二《ふた》瀬《せ》炭鉱

福岡県飯塚市飯塚

巻頭地図11

坑夫を潤すもの　炭鉱は危険を伴う厳しい労働である。これを慰安するものとして、お芝居とお菓子は炭鉱にとって切り離せない。現代のように自宅で娯楽が楽しめなかった時代に、お芝居は従業員の重要な楽しみになり、お菓子は従業員の疲れを癒した。

嘉穂劇場は、木造二階建で桝席をもつ大衆芸能の殿堂である。一九二二年（大正十一）建設の「中座」が、災害などによる度重なる消失を経て一九三一年（昭和六）再建され、二〇〇四年（平成十六）に復興したものだ。二年後に国の登録有形文化財となった。

直方には、一九二七年からはじまった「千鳥饅頭」の千鳥屋本店がある。その近くには、銘菓「ひよ子」のひよ子本舗吉野堂がある。明治期からのこのお菓子は、炭鉱労働者のあとの口を和ましていた。北九州を含むこの地域には他にも栗饅頭・成金饅頭など甘いお菓子が多い。

日本製鐵の専用炭鉱　飯塚地区は多くの炭鉱が興っているが、一八九七年（明治三十）に官営製鐵所が設立され、二年後、八幡製鐵所*は直営炭鉱として二瀬炭鉱を開坑し、その後高雄一坑や中央坑、潤野坑、稲築坑などを開坑する。一九三四年には官民合同による日本製鐵（株）*となり、五年後に日鉄鉱業（株）となった。二瀬炭鉱は一九六三年閉山したが、本部中央坑跡は、現在大型ショッピングセンターになり、脇には本部の煉瓦造門柱を移設保存している。また、製鐵所大分坑施設には巻上機のほかに救護隊の訓練用坑口などがあったが、現在は鉱業所の石垣が残るのみで、「大分坑」・「明治坑」のバス停が当時を伝えている。

＊　一九五〇年に日本製鐵（株）は解体され、八幡製鐵所は八幡製鐵（株）に属したが、現在は一九七〇年に発足した新日本製鐵の八幡製鐵所として稼動している

旧伊藤伝右衛門邸玄関

白蓮がいた二階部屋

伊藤伝右衛門邸

嘉穂劇場

千鳥屋本店

〈左〉製鉄所二瀬出張所本部門柱

58

飯《いい》塚《づか》炭鉱

福岡県飯塚市平恒・上三緒《かみみお》・筑穂元吉・仁保

巻頭地図11

三菱飯塚炭鉱の関連施設　飯塚炭鉱は、一九一五年（大正四）に中島徳松《なかしまとくまつ》が大徳炭鉱という名称で操業を始め、三年後、中島鉱業（株）を設立。一九二九年（昭和四）に飯塚鉱業となり、一九三六年に三菱鉱業（株）飯塚鉱業所となった。

平恒地区には鉄筋コンクリート造赤煉瓦貼りの三菱炭鉱の斜坑巻上機台座が二基残っている。それぞれ二坑本卸基礎・二坑右卸捲基礎といい、一九六五年に閉山した三菱時代のもので、高さ一二mと八・六mの煉瓦構造物である。上に操作室が作られ、蒸気の力で稼動していた。両構造物から山側の延長線上に斜坑が平行してあり、本卸斜坑は入気・石炭の搬出に使い、連卸斜坑は排気・人道に使用されていた。この台座は筑豊でも最大級のものだ。現地には想像図の載った説明板が設置されている。

西側には中島徳松の別邸として建築され、のち社交場となった三菱系のダイヤ機械飯塚製作所中野倶楽部の煉瓦塀がのこる。北には飯塚炭鉱の山神社跡、北西に飯塚炭鉱の炭住と事務所跡、石炭積込専用駅跡、一九三五年建設の飯塚坑橋が残っている。

山神社跡（現山の神公園）からは、工業団地に変わった三菱飯塚炭鉱跡地が見渡せ、一九三三年建立の弔魂碑や、慰霊塔、三菱飯塚炭鉱跡の記念碑が建っている。かつて毎年行われた春の山神祭（ドンタク）は、秋の従業員運動会とともに炭鉱の二大行事として賑わい、従業員の慰安となったということだ。

炭鉱の守護神社である山神社には大山祇神《おおやまづみのかみ》を祀り、全国で従業員の信仰を集めた。大山祇神社は、愛媛県今治市にあり、大山積神を祭神とし、今でも六月二十七日に全国鉱山工場安全祈願祭を行っている。

馬とカナリアを弔う碑　全国の炭鉱では馬たちの供養および安全祈願のため馬頭観音が建てられた。明治から昭和の初め頃まで、石炭運搬が機械化されるまでは馬が坑内外での石炭運搬を担った。このトロッコを引く馬たちにとって、坑内での作業はとくに過酷で、週に一度だけ坑外へあがることができたが、太陽の光を浴びないため骨折をして死んでいった馬たちも多かったという。馬の頭部をした観音様には、炭鉱のためか右手にはヨキと石刀、左手には火薬つぼとノミが持たされている。

また、「小鳥塚」という小鳥たちを弔う石碑が、一九八一年に筑豊炭鉱遺跡研究会によって、麻生鉱業（株）の上三《かみみ》緒《お》炭鉱排気坑口跡の横に建立されている。この小鳥とは、一酸化炭素ガスを探知するため、坑内に持ち込まれたカナリアをさす。明治から一九三五年（昭和ー）ころまでは、ガス探知機は開発されておらず、炭鉱災害で最も怖い炭塵ガス爆発事故の探知は、ケージにいれられた小鳥によって行われた。坑内にガスが満ちると小鳥は止まり木から落ち、人間はそれから三〇分で死亡すると言われていた。

山の神や馬頭観音の信仰は全国に普遍化されている信仰だが、小鳥塚が作られたのは筑豊の文化の特徴であろう。

仁保炭鉱大門坑の施設群　飯塚市大門《おおかど》の仁保炭鉱大門坑跡が昨年一般公開された。閉山後、再開発などによって原形をとどめているケースは極めて珍しい。

仁保炭鉱は、一八九六年（明治二十九）に開口し、麻生氏や原口氏の経営を経て、一九六三年（昭和三十八）に閉山した。大門坑には、本卸と連卸坑口、巻上機の台座（高さ約七メートル）、選炭場跡、ボタ山などの施設群がそろって残存している。

仁保炭鉱

〈上〉三菱飯塚炭鉱二坑本卸（奥）と二坑右卸（手前）の巻上機台座

〈右〉三菱飯塚炭鉱跡の碑

石炭積込場跡

山神社（昭和 12 年に嘉穂鉱業所従業員が建てた鳥居）

馬頭観音

小鳥塚と上三緒炭鉱排気坑口跡（右）

59

忠《ただ》隈《くま》炭鉱

福岡県飯塚市忠隈

巻頭地図11

稜線が美しい忠隈のボタ山　JR飯塚駅付近から見る忠隈炭鉱のボタ山は、綺麗な三角錐をしている。炭鉱で排出される炭滓（ボタ）は、スキップ式の巻上機によって三角錐状に積み上げられ、そのレールの跡はそのまま稜線となって残っている。忠隈炭鉱のボタ山は六七万七〇〇〇㎥、一四〇mの高さがあり、楠・櫨・赤松・真竹などが繁殖し、いまでは四季それぞれの草花がみられる。

北側には、体育館と劇場を兼ね備えた一九三九年（昭和十四）建築の住友忠隈炭鉱会館がある。現在、ほなみ幼稚園の遊戯室として利用されているが、内部の階段手すりには住友のマークをあしらった透かしがあり、住友の所有であったことがわかる。その西側には、赤煉瓦の構造物である第四坑巻上機台座の跡が残り、炭鉱があったことを伝えている。

筑豊での中央進出　忠隈炭鉱は、一八八五年（明治十八）から麻生太吉が経営に着手したが、一八九四年住友が買い上げ、一九六一年閉山した。

中央資本が飯塚周辺に進出したのは、住友石炭鉱業（株）忠隈炭鉱のほかに、三菱鉱業（株）による一八八九年の鯰田炭鉱・新入炭鉱、六年後の山田鉱業所・方城鉱業所、古河本店による一八九五年の下山田炭鉱、翌年の目尾鉱業所、三井鉱山（資）による一八九六年の山野鉱業所の取得などが挙げられる。

忠隈のボタ山

60

山野鉱業所

福岡県嘉麻市漆生《うるしお》・平

巻頭地図11

三井が筑豊に手がけた炭鉱　嘉麻市の（旧稲築町）町制四〇周年記念公園の丘の麓に三井鉱山（株）山野鉱業学校練習坑道が残っている。鉱業学校は中堅技術者の育成を目的とした学校で、練習坑道はその生徒達が一九五九年（昭和三十四）に自ら作ったもので、木枠組や採掘などの実習、坑内火災などの災害救助の訓練が行われた。一九六一年に同校は閉校した後も、一九七三年まで坑内災害の救助活動訓練に使われていた。坑道入口には、現在石炭を積んだトロッコが備わる。訓練坑道は、直方市石炭記念館にも現存している。

山野鉱業所は一八九四年（明治二十七）三井家が着手し、一八九八年に三井鉱山（株）が山野坑（第一坑、第二坑）を開坑し、製鉄、ガス、コークス用の原料炭を採掘した。その後、鴨生坑（第三坑）、漆生坑（第四坑）、小舟坑（第五坑）が着炭した。一九六四年度は四八万七〇〇〇tを採掘し、労働者は職員を含め二〇〇〇名ほどだったが、その内七二九名が請負組夫（ト請業者の配下で働く鉱員）であった。一九六五年に山野鉱業（株）山野坑でガス爆発事故があり、戦後二番目の死者数（二三七名）をだした原因は、この請負による労務状況にあったといわれている。

一九七三年に閉山し、現在は稲築東小学校横に本部事務所をはじめ、倉庫、電話交換所、産業医学研究所、風呂場などが残存している。

漆生坑跡には、敷地を囲む松岩（珪化木）の擁壁が巡り、コンクリート製の斜坑坑口がある。また、モダンな煉瓦造の漆生炭鉱変電所と、葉月坑排気口が残る。

また南に下った稲築地区にも社宅跡があり、鴨ヶ岳の登山口を少し進んだところには、三井山野鉱業所の小舟坑の坑口がある。その坑口上部には「尺無坑本卸」と書かれた白い扁額が残る。

住友忠隈炭鉱会館

会館階段にある住友マーク

忠隈炭鉱第四坑巻上機台座

漆生炭鉱第一坑変電所

三井山野鉱業所練習坑道

三井山野鉱業所病院石垣（松岩の擁壁）

三井山野鉱業所慰霊碑

葉月坑排気坑口

三井山野鉱業所事務所

61

下山田炭鉱

福岡県嘉麻市上山田・下山田・稲築《いなつき》才田

巻頭地図11

山田・稲築に残る燻し銀な炭鉱　三菱鉱業（株）筑豊鉱業所上山田炭坑は一八九八年（明治三十一）に開坑し、約二〇〇〇名の鉱夫が働いていた。田川郡赤村には一八九五年に開通した豊州鉄道行橋《ゆくはし》伊田線沿線に現役施設として石坂トンネルや内田三連橋梁、油須原《ゆすばる》駅舎などが鉄道遺産として姿をとどめている。

下山田には木造二階建で、正面のつくりが特徴的な古河鉱業（株）下山田炭鉱附属病院が残っている。現在の古河機械金属（株）筑豊事務所である。

古河財閥の創業者で、一八七七年に足尾銅山を開いた古河市兵衛は、一八九四年、この地で下山田炭鉱の採掘を開始した。この炭鉱は市兵衛が頭山満から譲り受けた炭鉱で、一九二九年（昭和四）の鉱夫数は約一四〇〇人であった。現在は事務所手前に扇風機坑口跡もある。一九五六年には、本邦初となる電気巻上機を備え付けた。ちなみに古河電気工業とドイツのシーメンス社が資本・技術提携を行い設立した富士電機製造（株）は、鉱山機械メーカーとして多くの炭山にその機械の供給を行った。

稲築には一九二二年（大正十一）～一九六八年に日吉炭鉱があった。今はその煉瓦倉庫と、コンクリート製の稀少な台座も残っている。

日吉炭鉱巻上機台座

62

三井田川鉱業所

福岡県田川市大字伊田、田川郡川崎町

巻頭地図11

田川地域にあった炭鉱の諸遺構　一九四〇年（昭和十五）には、田川地域だけでも約四〇の炭坑があり、筑豊炭田は国内最大の産炭地であった。三井田川伊田坑の南には、伊加利坑の煙突と守衛所が残っている。伊加利《いかり》坑は、戦後の坑道の行き詰まりを解消するため一九五〇年に掘削し、一九六四年に閉山。使用されていた竪坑櫓は三池炭鉱港沖四山坑に移設・使用された。

　隣接する川崎町にも、上尊炭鉱（株）豊洲炭鉱二尺坑の連卸坑口や、豊洲炭鉱慰霊碑、東豊炭鉱坑口など、遺構が転々と存在している。

田川地域には芽生えた炭鉱文化　筑豊で、炭鉱の有様を水彩画で描いた山本作兵衛がいる。作兵衛（一八九二～一九八四年）は炭鉱労働者で、多くの炭鉱記録画を残した。その作品五八九点と日記・メモ類一〇八点は、二〇一一年に国内で初めてユネスコの「メモリー・オブ・ザ・ワールド（世界記憶遺産）」に登録された。作兵衛は、筑豊のヤマを実直に描きつづけた。自己の作品を「私の絵にはひとつだけウソがある。地底には光がないので色がない」といったが、炭鉱の中身を鋭く描いている。また、土門拳の『筑豊の子供たち』という写真集は、筑豊炭田での失業者とその現実を、こどもたちの表情で表した。

　ほかに上野英信などの小説家が生まれ、食文化でも、牛や豚のホルモン焼料理が芽生えるなど、さまざまな炭鉱に関する文化が栄えたことがわかる。

炭鉱節おどり

古河鉱業下山田炭鉱病院

日吉炭鉱施設跡

伊田坑第一竪坑櫓

伊田坑第一・第二煙突

伊加利坑煙突

63

田川市石炭・歴史博物館

福岡県田川市大字伊田

巻頭地図11

西日本最大の石炭・歴史博物館　田川市を一望できる丘に三井鉱山（株）田川鉱業所（以下、三井田川）伊田坑跡があり、現在は石炭記念公園となっている。ここからは、三井田川夏吉坑第六坑硬山や、石灰石の採掘をした香春岳を見る事ができる。

三井田川は、一八八五年（明治十八）に海軍予備炭田に編入され、一八八九年に田川採炭会社が所有したのが始まりである。田川採炭組、三井鉱山（株）と改組し、一九六四年（昭和三十九）まで炭鉱を経営した。その後、新田川炭鉱が後を継いだが、一九六九年に再閉山した。

公園内の田川市石炭・歴史博物館では、伊田坑の煙突や竪坑櫓などを保存している。炭坑節に歌われている四五・四五mの二本煙突はボイラーの排煙用で、直径は最上部三・一五m、最下部五・四五mである。総煉瓦造りで一九〇八年に完成し、西側の基壇は八角形となっている。真っ赤な伊田第一竪坑櫓は二八・四mのバックステイの鉄鋼製で、このイギリス様式の櫓と煙突が炭鉱独特の景観を保持している。

博物館の展示物は膨大で、坑内用ディーゼル機関車・坑内用電気機関車、採炭用具など、その収集規模はまさに圧倒的だ。また、鉱夫と選炭婦の像や、田川地区炭坑殉職者慰霊之碑、韓国人徴用犠牲者慰霊碑、炭鉱住宅の復元もあり、筑豊炭田の歴史が集約されている。

田川市石炭・歴史博物館は釧路市立博物館と交流を行っている。この交流では、友子制度（20参照）が東日本のほかに西日本の田川でもあったことや、技術面でも興味深い関係があったことがわかってきた。北海道で日本鉱業の先達をライマンから学び、そこで学んだものが筑豊炭田の基礎を築いた。その後、三井鉱山（株）田川鉱業所の技術者が、釧路の太平洋炭鉱（株）の常務取締役を勤めるなど技術面・人事面で足跡を残している。そして今、北と南の炭鉱博物館は情報の共有で繋がっている。

64

大《おお》峰《みね》炭鉱

福岡県田川郡川崎町川崎、
田川郡大任町万才町、田川郡添田町峰地

巻頭地図11

古河が広げた二つの炭鉱　添田町の古河鉱業（株）大峰鉱業所は、大峰炭鉱と峰地炭鉱の二鉱から成っている。峰地は一八八五年（明治十八）、大峰は一八九三年頃着炭した。一九一六年（大正五）からは蔵内鉱業（株）が経営し、一九三九年（昭和十四）に古河鉱業（株）が買収後、一九四二年隣接する住友鉱業（株）の添田鉱区を買収併合している。一九五七年頃には、福利厚生施設として大峰会館、図書館、映画館、倶楽部、小学校などを備えており、職員及び坑内外夫含めて約三二〇〇名の従業員が働いていた。一九六二年に閉山するまで、古河はこれらの諸施設を運営していた。

大峰炭鉱の跡地は、コンクリート製の斜坑口、選炭場、ポケット、煉瓦の台座跡、ボタ山跡、万才町社宅跡などが残っている。採掘に関する、ほとんどの遺構は藪の中にあり、冬場でしか見ることは難しい。また、東側に行くとJR油須原線（廃線）のトンネル跡や、近くに別の鉱業所のトラック積み出し口が残るが、わかりづらい。その点、炭鉱設備以外である大峰会館や大峰病院、大峰坑事務所跡、炭鉱住宅、川崎町立大峰小学校（二〇〇六年廃校）などはそのままの状態で現存し、容易に確認ができる。

また、峰地炭鉱の跡地には、第三坑巻上機台座と変電所跡が残っているが、ともに煉瓦組の遺構で、近くで見学ができる。

川崎町には、衛藤炭鉱や豊洲炭鉱、東豊炭鉱の坑口も手を加えられないまま残っているが、これらの施設は、ほとんどが民間の所有となっているため、保存が危ぶまれているのが現状である。

田川市石炭・歴史博物館
屋外展示

韓国人徴用犠牲者慰霊之碑

〈右下〉鎮魂の碑

〈左下〉炭鉱夫之像

蔵内炭鉱巻上機台座

大峰炭鉱大峰会館

峰地炭鉱変電所

大峰炭鉱施設

添田炭鉱施設

大峰炭鉱施設

65

蔵内次郎作・保房邸

福岡県築上町大字上深野

巻頭地図11

田園風景の中にある格調高い邸宅　筑豊地方で蔵内鉱業（株）を経営していた蔵内次郎作、保房親子がその生家に建てた住宅である。約二千二百坪の敷地に、木造の近代和風住宅を七棟建築している。一八八七年（明治二十）に、二階建ての主屋と応接間棟が建設された後、棟同士を雁行させる形で大広間棟・茶室がつくられ、一九二〇年（大正九）に大玄関棟が増設され完成した。構造は和風ながら、トイレや洗面所はタイル貼りで、大理石の風呂など和洋混淆《こんこう》の雰囲気を持つ。

　欄間やシャンデリアなどに加え、各室とも異なった意匠をもっているほか、三六畳の大広間から畳廊下の空間は豪華そのもので、そこから眺める庭園は贅沢そのものである。さらに、仏間には金唐皮紙《きんからかわかみ》という独特な装飾がなされているが、これは和紙をベースに型押しの模様を作り、その上に色を塗ったもので、現存するものは一八九六年の旧岩崎久彌《ひさや》本邸（高知県出身の実業家、父・弥太郎は三菱財閥の創設者）などに使用されているのみである。

　明治から大正期の炭鉱経営者の暮らしぶりを伝えるこの格調高い建物は、国内最古の炭鉱主住宅であり、二〇一〇年（平成二十二）町が購入し、公開を予定している。隣にある神社や、その前の道路などほとんどの費用を蔵内家が出しているが、峰地炭鉱などの経営が成功したからこそできたものである。その蔵内の鉱業の遺構は、田川郡添田町中心に多く残っている。（64参照）

　こうした現在まで姿をとどめている遺構とともに活用されることを願っている。

66

宝《ほう》珠《しゅ》山《やま》炭鉱

福岡県朝倉郡東峰村《とうほうむら》大字福井

巻頭地図11

伝右衛門が開発した炭鉱は、一九〇七年の遠賀郡中間での中鶴炭鉱のほかに新手炭鉱・泉水炭鉱・牟田炭鉱・長者原炭鉱などがあり、一九一四年に古河鉱業（株）と興した大正鉱業（株）を経営している（一九六四年に解散）。

宝珠山炭鉱の顔　石組の坑口は、一九一六年に開坑された第一坑口で、御影石の扁額が残っている。漢字の下には「HOSHUYAMA COALMINE」と書かれている逸品である。現在、切石積の坑口から坑内の湧水が流れ出ている。第一坑口のすぐ側には第三坑口もあるが、こちらは公園整備に際して化粧張りされ、当時の面影はない。

伊藤伝右衛門の経営　大分県との県境である宝珠山には、山村文化交流の里「いぶき館」がある。この建物は伊藤伝右衛門（56参照）が、飯塚市の本邸の一角にあった建物を一九三三年（昭和八）にこの地に移し、宝珠山炭鉱倶楽部として使用したものである。以前はこの地には宝珠山炭鉱第一坑～三坑があり、倶楽部は幹部社員の会議や社交場として使われていた。現在の建物は、一九六九年に再移築したものを再生したものだ。館内には伝右衛門と元妻白蓮に関する展示があり、興味深い。近くには炭鉱遺構をいくつか確認できる。

朝倉郡には朝倉炭坑、小石原炭坑など小炭鉱が栄え、宝珠山も一九六三年まで炭鉱街であった。伝右衛門は一九一二（明治四十五）年から開発にかかり、一九一五年（大正四）には六四万坪あまりの鉱区を持ち、一九一八年に寶珠山鉱業（名）をつくった。四年後に伊藤（名）寶珠山炭坑と改組し、一九三六年の寶珠山炭鉱（株）となっている。

蔵内邸玄関

蔵内邸庭園

〈右下〉仏間の金唐皮紙

〈左下〉邸内の家具・調度品

宝珠山炭鉱第一坑坑口

石炭搬送施設跡

宝珠山炭鉱倶楽部

67

志《し》免《め》鉱業所

福岡県糟屋郡志免町大字志免

巻頭地図12

戦時の日本を背負った燃料工場　志免鉱業所は、一八八九年（明治二十二）海軍予備炭山に指定され須恵町新原に新原採炭所第一坑を開坑してから、一九〇六年に志免町に第五坑を開坑したことに始まる。一九二一年（大正十）には海軍燃料廠採炭部所管となり、海軍炭鉱は昭和にはいると第一（神奈川県大船：燃料の研究施設）、第二（三重県四日市：航空ガソリンの研究施設）、第三（山口県徳山：重油の研究施設・練炭製造）、第四（福岡県須恵：採炭）、第五（朝鮮平壌：煉炭製造）、第六（台湾高雄：製油）が設けられた。

終戦後の一九四九年（昭和二十四）からは日本国有鉄道志免鉱業所として稼動、一九六四年の閉山に至るまで一貫した国営事業だった。

海軍だから出来た巨大な建造物　旧志免鉱業所竪坑櫓は、戦局の進展で増産に迫られ、下層群の開発のため、第四海軍燃料廠が巨額の費用を投じて造ったものである。地上四七・六五mという高さを誇り、鉄筋コンクリート製の竪坑櫓は、櫓施設として最も発達したワインディングタワー（塔櫓巻型）という形式である。（ケーペ式巻上機（一〇〇〇hp電動）を備え、四三〇mの深さまで到達することができた。）戦間期のもので残っている同型のものは、ほかにブレニー炭鉱（ベルギー国リエージュ州）と、龍鳳炭鉱（中国撫順市）の二箇所しか確認されていない。

現在、周辺にある「志免鉱業所跡竪坑及び第八坑関連地区」の遺跡が、福岡県の史跡となっているほか、近隣にはボタ山、志免鉄道記念公園、国鉄志免鉱業所殉職者記念碑、海軍炭鉱創業記念碑などが残り、志免町では、志免鉱業所遺跡の遺物や、第八坑扇風機坑口で使用された木製の排気用プロペラ（海軍水上偵察機のものを転用）などが保存されている。

68

福岡炭田

福岡県福岡市

巻頭地図12

福岡市内にもあった炭鉱　現在は知る由もないが、商業都市「福岡」にも姪濱鉱業（株）早良炭鉱や、鳥飼炭鉱などがあり、陸繋島《りくけいとう》で有名な志賀島にも大倉鉱業（株）西戸崎炭鉱があった。そして、市内には筑豊で炭鉱を経営していた貝島健次別邸（友泉邸公園）・貝島嘉蔵本邸（福岡市南区）などが現存し、炭鉱主がその邸宅を商談の重要な場所としていたことが窺える。

　福岡県糟屋郡にも福岡炭田糟屋《かすや》地区として、先述の海軍燃料廠のほかにいくつもの炭鉱があった。現在、粕屋町仲《なか》原《ばる》には、一八八八年（明治二十一）設立された粕屋採鉱会社の煉瓦造竪坑台座が残るほか、宇美町で一九二七年（昭和十二）に三菱鉱業（株）が買収した勝田鉱業所や、久山町の麻生産業（株）山田炭鉱、篠栗町で一八九二年開坑した明治鉱業（株）高田鉱業所の遺構がある。

日本一の石炭産業史資料　九州大学附属図書館記録資料館産業経済資料部門は、産業労働研究所および石炭研究資料センターを経て、二〇〇五年（平成十七）に発足した。石炭産業を中心とした史資料は日本有数のもので、全国から集められた五万点におよぶ図書類のほかに、写真資料・絵葉書・地図などが充実している。

　とくに炭鉱札の資料は貴重である。炭鉱札は、主として明治期から昭和戦前期にかけて、各地の炭鉱で炭鉱の経営者が発行した私札（私製の紙幣）である。それぞれの炭鉱で賃金支払のために使用された。これにより坑夫を他炭鉱へ移動しないよう、縛りつける手段になるなどした経営者にとって、大きな意味をもっている。こうした資料は、近代日本の経済発展を研究する上で欠かすことはできない。

早良炭鉱の石炭
(㈱サワライズ所蔵)

〈右上〉旧志免鉱業所竪坑櫓

〈左上〉撫順炭鉱竪坑櫓

〈右中〉ブレニー炭鉱竪坑櫓

〈左中〉志免鉱業所跡のボタ山と
第八坑連卸坑口

〈下〉第八坑扇風機坑口プロペラ

麻生山田炭鉱

〈左〉麻生山田炭鉱索道鉄柱

九州大学附属図書館記録資料館

69

三池炭鉱

福岡県大牟田市

巻頭地図13

主力坑の宮浦坑　三池炭鉱は、一八七三年の官営化後、初めて近代技術によって大浦坑が開かれた後、七浦坑や宮浦坑が開坑した。

　宮浦坑は、一八八七年に開坑し、三井石炭鉱業（株）三池鉱業所（以下、三井三池）が一九六八年（昭和四十三）に三川坑横に移転するまで、三池の主力坑として操業した。煉瓦の煙突は、一八八八年に蒸気機関用の排煙をし、高さは三一・二mあった。一九二三年（大正十二）には大斜坑が開設され、わが国で初めてベルトコンベアによる連続揚炭が実用化した。これらの遺構は、宮浦石炭記念公園として整備されている。公園内では材料降下口や第一竪坑跡、炭鉱の機械類なども見ることができる。

　公園から見える三井化学（株）の工場は、一九三三年に三井鉱山（株）が東洋高圧工業（株）を設立し、三池染料工業所、三池製錬所など、石炭を原料とする化学コンビナートが形成されていったものだ。

世界最新の排水ポンプを供えた宮原《みやのはら》坑　三井三池の宮原坑第二坑竪坑と巻上機室は、一九〇一年（明治三十四）竣工した。宮原坑には第一竪坑と第二竪坑が築かれたが（第一竪坑は現存しない）、第二竪坑櫓の設備は一九九七年（平成九）まで坑道排水のために使われたため残った。高さ約二二mの鉄骨製櫓と煉瓦造のスレート葺の巻上機室からなり、油くさい建物の中には巻上機とウィンチが残り、今にも動き出しそうである。デービーポンプは一八九三年に勝立坑にはじめて導入され、世界でも最新鋭の排水ポンプを二台も備えたのであった。

　一八八九年に三井家がこれを譲り受けると、一八九四年に勝立竪坑、一八九八年に宮原竪坑、一九〇二年に万田竪坑を開削し、事業の拡張に努めた。

　宮原坑は、明治後期から大正時代にかけての主力坑のひとつで、一九三一年（昭和六）の閉坑まで年間四〇〜五〇万tの出炭を維持している。

三池争議の舞台となった三川坑

三池炭鉱では、一九一八年（大正七）四山竪坑を開削し、最新の機械を装備し急速な発展をした。一八八七年（明治二十）〜一九六八年（昭和四十三）の宮浦・万田、一九二三年〜一九七〇年の四山（港沖坑へと移り一九八七年まで操業）の二坑と、一九四〇年に三川坑が稼動した。三川坑は、大規模な選炭場を持つ戦後の主力坑であったが、一九九七年（平成九）に閉坑した。

三川坑の二つの坑口（第一斜坑、第二斜坑）は有明海の海底に向かって掘られ、幅約六m、高さ三・三mのアーチ型で、長さ二km以上という規模から「大斜坑」と呼ばれていた。一九四〇年に完成し、現在、第二斜坑が残っている。

三川坑は、「総資本対総労働」が激突した三池争議の主要な舞台となったところである。一九五九年から翌年にかけての三池争議は、三〇万人近い組合員を組織した日本最強の産別組合、日本炭鉱労働組合が、生産過剰と高い炭価の是正を迫る会社側の合理化と対立したものである。組合は無期限ストに突入し、会社側もロックアウトでこれに対抗した。組合側は切り崩しにあった結果、敗北に終わった。

また、この三川坑は戦後最大の炭鉱災害となった一九六三年の炭塵爆発事故で、四五八人の死者を出し、八三九人の一酸化炭素中毒患者がその後遺症に長年苦しんできた歴史がある。

こうした炭鉱の歴史に加え、徴用などの暗い過去の出来事を、大牟田市石炭産業科学館で紹介している。

三池炭鉱四山坑（九州大学附属図書館記録資料館提供）

宮浦坑煙突

宮浦坑坑口

三井石炭鉱業株式会社
三池炭鉱宮原坑施設

〈右上〉第二竪坑巻上機室

〈左上〉三池炭鉱勝立鉱第二竪坑跡

〈中〉三池炭鉱三川坑正門

〈下〉三池炭鉱三川電鉄変電所

70

三池集治監

福岡県大牟田市上官町

巻頭地図13

石炭採掘に労役された囚人を拒んだ高塀　一八八三年（明治十六）に設置された行刑施設である三池集治監跡には、当時の赤煉瓦塀が残っている。長さ六〇〇ｍの塀の高さは、五・五ｍで、今の刑務所と同じ高さである。

集治監は、三潴県（現在は福岡県の一部）、福岡県、佐賀県、長崎県、白川県（後の熊本県）の各県監獄から囚人が収監されていた。後に監獄、三池刑務所となり、最も多い時は二〇〇〇名以上の囚人がいた。一九三一年（昭和六）の廃止後は三井工業学校になり、現在は三池工業高等学校となっている。

三池炭鉱では、官営化された明治の始め頃から採炭作業の一部に囚人を使用した。手かせ・足かせをし、藁傘を被せられて、ここから宮原坑まで歩いて出役したといい、宮原坑第一竪坑では、一九三〇年まで使役され、囚人らから「修羅坑」と恐れられたという。

正門を上る坂には石垣が残り、当時の煉瓦塀にはモルタルが塗られている。敷地内の発掘調査では煉瓦塀の基礎部分が出土し、煉瓦に梅花の刻印が刻まれているものがあり、東京集治監で養成された技能工が、ここで製造したと言われている。

この東側には、勝立《かつだち》坑が残る。一八九四年（明治二十七）開坑し、こちらにも三池集治監から囚人達が労働に向かったという。一九二八年閉坑。また、一八八三年開坑の七浦鉱への鉄道敷も残っている。

これらの炭鉱遺産の普及活動としてＮＰＯ法人大牟田・荒尾炭鉱のまちファンクラブは、「TantoTanto（＝炭都・たんと）ウォーク」を開催している。遺産を残すための手立てである文化財指定とは別の、文化財継承のために地域の人々の認識を高めていく活動を行っている。

食文化についていえば、三池は高菜が有名で、鉱員は塩辛い高菜漬けを好んだ。今でも、豚骨ラーメンに載せて食されている。

71

旧三井港倶楽部

福岡県大牟田市西港町

巻頭地図13

賓客や高級船員の接待場所　三井港倶楽部は、三池港が開港した一九〇八年（明治四十一）に賓客や高級船員の接待・宿泊のために建てられた。当時は和館との並立で建設されたが、現在は洋館のみが往時の姿を伝えている。清水組（現清水建設（株））の設計により、三井財閥の迎賓館として建設されてから、大牟田を代表する建造物となっている。

ハーフティンバースタイルの建物には、一階に応接間、談話室、食堂、球技室（ビリヤード）を設けており、明治期の形態をよく伝えている。現在は結婚式会場やレストランとして広く市民に開放されている。敷地内に一九二六年（大正十五）に建てられた「大浦坑遺址」碑がある。同坑跡の碑であるが、その書は團琢磨のものである。團は、東京帝国大学助教授から、一八八四年に工部省に移り、後に三井鉱山会長として「三井のドル箱」といわれるまでに三池炭鉱を発展させた人物である。

石炭や従業員などを運搬する専用鉄道　三池炭鉱専用鉄道は、一八七八年に大浦坑から大牟田川河口までを結ぶ馬車鉄道から発達した。一九〇五年に全線が開通し、一九二三年（大正十二）に全線が電化した。三川電鉄変電所は、四山発電所で起こした電力をこの鉄道用に変電する施設で、一九〇九年に建造された。煉瓦をイギリス積みにした二連の切妻平屋建で、アーチ型窓の洒落た建物は、民間会社の社屋として使用されている。

この専用鉄道で活躍していた電気機関車「三池製作所製第一号機」は、今でも三井化学（株）が現役で使用している。さらに工場の一角にはアメリカのゼネラルエレクトリック社製五号機（一九〇八年）、ドイツのシーメンス社製一号機（一九一一年）、三菱造船所製九号機（一九一五年）、芝浦製作所製一八号機（一九三七年）の電気機関車が保存されている。

旧三池集治監外塀及び石垣

三池炭鉱勝立坑第二竪坑跡

三川坑大災害殉職者慰霊碑

旧三井港倶楽部

團琢磨之像と大浦坑遺跡碑

72

三池港

福岡県大牟田市新港町

巻頭地図13

三池炭鉱を日本一にした閘門　三池炭鉱は、日本一の干満差をもつ有明海に面している。そのため石炭輸送は、大牟田川の河口から小舟に載せ、長崎県島原半島の口之津港まで運び、大型船に積み替えていた。このコスト解消のため築かれたのが、三池港である。

築港工事は、一九〇二年（明治三十五）の堤防構築工事から始まり、二年後に防波堤工事を完成、翌年に渠内《きょない》（ドック）と有明海との干満の差（五・五m）をなくすように設けられた水門＝三池港閘門《こうもん》の工事を開始した。團琢磨の指揮で、一九〇八年に竣工し、大型船の着岸が可能となり、一万t級の大型船が入港可能となった。

「大金剛丸」は、一九〇五年に大阪築港会社から中古で購入した船積機械である。長さ三〇m、幅約一〇mの船には、「JOHN.H.WILSON&COLTD LIVERPOOL」の刻印があるクレーンがつき、最大一五tを吊り上げる。動力は石炭の蒸気式で、自走しない。

旧長崎税関三池支署　港には一九〇八年開庁した旧長崎税関三池支署があり、時間を紡いでいる。

三池炭鉱の石炭を輸出する目的で三池港に設置されたものだが、入母屋の建造物は、二〇一二年に復原される。税関支署としてのコンパクトな姿である。

有明海に作られた人工島　三井三池炭鉱初島は、三川坑の通気のための竪坑を築くために一九五一年（昭和二十六）に完成した人工島である。大牟田の沖合二kmほどに位置し、直径約一二〇mで、コンクリートと鋼鈑で支えられている。同じく三池島は、一九七〇年、更に沖合に作られた人工島で、有明海底に伸びる坑道の通気確保のため建設された。直径約九〇mの円形で、石垣を築いた六六〇〇㎡の島である。

73

三池炭鉱有明坑

福岡県みやま市三池干拓地・昭和開

巻頭地図13

三池炭鉱最後の坑口　昭和開という戦後の干拓地に、三池炭鉱有明鉱ができたのは石炭合理化の時代で、三菱南大夕張炭鉱、北炭夕張新炭鉱と同時期にあたる。この有明鉱に一九六七年（昭和四十二）、二つの竪坑が竣工した。鋼鉄製の竪坑櫓は、第一竪坑が台形、第二竪坑がZ型をしており、第一竪坑は幌内炭鉱と同型、第二竪坑は池島炭鉱第二竪坑と同型の高さ三〇m級の櫓で、同時に見ることが出来るのは日本ではここだけである。

有明坑は、一九五八年、日鉄鉱業（株）が三池郡高田町に人工島を竣工し、竪坑を掘削したことに始まる。一九七二年に三井鉱山（株）が買収し、有明坑として、一九七六年（昭和五十一）から出炭を開始した。翌年、有明坑と三川坑を結ぶ連絡坑道が完成し、三池炭鉱は、四山・三川・有明の三坑体制となった。有明坑は一九八七年に「三池第二鉱」に、さらに一九八九（平成元）年からは三池第一鉱と統合し「三池鉱」となり、人員昇降坑口とした（三川坑は資材の昇降・揚炭）。

有明坑は、三井三池最後の坑口であり、今も残る櫓には地域の人々に炭鉱の記憶を蘇らせるきっかけとなる。壊される危機にあるこの櫓を、ランドマークとして有効活用してもらいたい。また、三池工区に残る干拓地の護岸も一九四八年以降に設置された石積のもので、ともに貴重である。

有明坑第二竪坑櫓

三池港港口閘門、補助水堰

〈右中〉閘門動力室

〈左中〉旧長崎税関三池支署

初島（中野浩志氏提供）

三池島（中野浩志氏提供）

三池炭鉱有明坑

有明鉱前の護岸

74

旧高《たか》取《とり》家住宅

佐賀県唐津《からつ》市

巻頭地図14

文化人として余生を送った炭鉱主　唐津《からつ》から多久《たく》にかけて炭鉱を経営した人に高取伊好《たかとりこれよし》がいた。その旧宅が唐津城近くにある。一九〇五年（明治三十八）に敷地約七，六〇〇㎡のなかに建設され、和洋折衷の木造二階建となっている。

暖炉のあるアールヌーヴォー風の洋間は、独特な存在感を醸しだす。トイレには有田焼のタイルやヨーロッパ製の手洗いを備え、京都の絵師が描いた杉戸、引き手金具などどれをとっても芸術性が高く、二階の欄間は、日差しの角度により壁にクジャクの影が映しだされるという演出までされている。大広間には能舞台まである。

高取は高島炭鉱の技師をしていたときに大隈重信、岩崎弥太郎らと知り合い、一八九二年（明治二十五）に唐津鉱業組合の総代に推され、海軍省と鉱山局を相手に唐津炭田の民営化を進めた。一八八五年には、竹内綱《つな》とともに芳ノ谷炭鉱会社を発足させ、その南にあたる相知町では一八九九年に相知《おうち》炭鉱（株）を設立した。しかし、翌年三菱（資）に相知炭鉱を売却し、次いで芳ノ谷炭鉱をも売却する。そこで得た資金は、杵島地方の炭鉱開発に乗り出すためのものであった。杵島炭鉱の経営が成功して、巨大な富を得た伊好は、後に唐津で文化人として余生を送ることとなったのである。

江戸時代後期から、松浦川を中心に石炭の積出港として発展した唐津港であったが、大正期には貿易港として発展した。その一躍を担った出張所は、住宅の近くには、旧三菱合資会社唐津出張所も残っている。

石炭積出港として栄えた唐津港　洋風の瀟洒な建物で、一九〇八年の入母屋造り木造二階建は、旧三菱合資会社唐津本店である。一九五〇年（昭和二十五）まで石炭の積み出し港として栄えた唐津を見守っていた。その後海上保安庁の事務所を経て唐津市歴史民俗資料館（休館中）となった。

75

大鶴《おおづる》鉱業所

佐賀県唐津市肥前町、伊万里市山代町、松浦市福島町

巻頭地図15

映画「にあんちゃん」の里　肥前町には杵島炭礦（株）大鶴炭鉱がある。ここにはコンクリート造の第二坑口が残り、不思議とに田圃とマッチしている。大鶴炭鉱は明治初期に開発され、香春鉱業（株）の経営後、一九三六年（昭和十一）に杵島炭礦（株）大鶴鉱業所となり一九五七年に閉山した。

また、「にあんちゃん」という小説の舞台でもある。一九五三年から親も家もない朝鮮人兄妹四人が厳しい現実の中でくじけることなく、いつも励まし合って生きる姿を綴った一〇歳の少女の日記で、深い感銘を与え、映画化もされた。設置された「にあんちゃんの里」記念碑がそのことを伝えている。碑の近くには炭鉱住宅も残る。

孤島、福島の鉱業所　大鶴の西側には福島という島があり、この北には中興鉱業（株）鯛之鼻鉱業所があった。一九〇四年（明治三十七）開坑し、一九六九年に閉山した鉱業所は、いまは雑草が生い茂る。島の南に位置する中興鉱業（株）福島鉱業所は、一九一三年（大正二）に村井吉兵衛（京都府の実業家）が向山炭鉱とともに経営に入った。ビルタワー型の近代竪坑設備が有名で、昭和三十年頃は「西の中興か、北の羽幌か」とまでいわれた時代があった。この福島鉱業所に合併した徳義炭鉱の存在もあったが、一九七二年に閉山した。棚田の美しいこの島は、今はガスの備蓄基地になっている。福島町歴史民俗資料館には、鉱業所の写真などが充実し、操業当時を回顧することができる。

また、長崎からこの地域にかけてよく食べられる「ちゃんぽん」があるが、炒めた野菜・魚・肉などを混ぜた麺料理は、栄養価が高くすばやく食べられるため、鉱員に好まれた。

旧高取家住宅

住宅内の能舞台

旧三菱合資会社唐津本店本館

大鶴鉱業所第二坑坑口

徳義炭鉱積込桟橋

「にあんちゃんの里」記念碑

76

芳ノ谷炭鉱、古賀山炭鉱

唐津市北波多、多久市東多久町

巻頭地図14

竹内綱の炭鉱　唐津炭田では、芳ノ谷炭鉱・相知炭鉱・杵島炭鉱が三大鉱であった。そのなかで、芳ノ谷炭鉱は吉田茂元首相の親でもある竹内綱が、一八八五年（明治十八）に社長となり、高取伊好を技師長とする芳ノ谷炭鉱会社を発足させたのが始まりである。その後、息子の明太郎は竹内鉱業（株）を興しているが、茨城無煙炭鉱（茨城県）、大夕張炭鉱（北海道）など各地の鉱山を経営し、産業用機械を生産して唐津鉄工所と小松鉄工所を創業し、（株）小松製作所の前身となった。

　現在、芳ノ谷炭鉱第三坑の遺産では、煉瓦製の斜坑口とコンクリート製の巻上機台座が現存している。

コンクリート製のコンパクトな櫓　多久市にある三菱鉱業（株）古賀山鉱業所の炭鉱跡地にはセメント工場が建ち、当時の面影は感じられない。そのなかに鉄筋コンクリート造の竪坑櫓の遺構が、一基残っている。櫓は一九一七年（大正六）の竣工で高さは約一五ｍあり、二九〇ｍまで最深部があった。当初は古賀山炭鉱と称していたが、一九二三年に休山し、本格的には一九四八年（昭和二十三）年から稼動し、四年後わが国で最初の本格的重油選炭工場を設置した炭鉱となった。一九六八年に閉山したが、東多久駅周辺には、ホッパー等の施設やボタ山・シックナー（沈殿槽）が現存し、石炭の露頭もある。

　東多久町の東の小城町では、羊羹が有名であるが、労働者の疲れを癒したことだろう。この地域から、お菓子の二大メーカーである江崎グリコ（株）の創設者・江崎利一（佐賀市）と森永製菓（株）の創設者・森永太一郎（伊万里市）が出ているのは単なる偶然とは思えない。

77

杵《き》島《しま》炭鉱

佐賀県杵島郡大町《おおまち》町《ちょう》福母《ふくも》

巻頭地図14

高取伊好の辛苦の跡　唐津では、享保年間（一七一六〜一七三五年）に北波多村で石炭採掘が始まり、ここで採れた石炭を松浦川で唐津港に運搬していた。江戸時代には御用山と呼ばれる幕府の直営炭鉱のほか、薩摩藩、福岡藩などが炭鉱を保有した。一八六七年（慶応三）の第二回パリ万国博覧会では佐賀藩から有田陶磁器のほかにも石炭を特産品として出品したことが知られている。

明治時代に海軍がこれらを取得したが民間に払い下げ、高取伊好が相知炭鉱の売却で得た資金で、佐賀県南部の北《きた》方《がた》町《まち》、大町町の高取鉱業（株）杵島炭鉱を興したのである。（七四参照）

この杵島炭鉱は、第一坑、第二坑が一九〇九年に北方町に開削、一九二四年（大正十三）、一九二七年（昭和二）にそれぞれ事業を終了しているが、第三坑は一九二六年、佐賀炭礦（株）に経営を委託し、一九二九年の杵島炭礦（株）設立と同時に買収している。生産量は一九一七年には六〇万tを超え、一九六九年（昭和四十四）まで続いた。

海外への輸出　佐賀からの石炭の出荷は、一九〇二年（明治三十五）に有田で松村八次郎（愛知県の陶業家）が松村式石炭窯を開発し、全国へ普及するとともに増え、日露戦争（一九〇四〜一九〇五年）後の好景気という幸運にも恵まれた。一九〇五年、住ノ江港が国の特別輸出港に指定されると、中国や東南アジアへ石炭の輸出もしている。

大町町に住友杵島炭鉱本社が置かれ、厳木町大字厳木には立山炭鉱といった炭鉱があった。この西に長崎街道の「湯宿」として知られる嬉野温泉があるが、鉱員も労働の疲れを癒したことだろう。

芳ノ谷炭鉱第三坑坑口

古賀山炭鉱竪坑櫓

古賀山炭鉱ホッパー

杵島炭鉱変電所

〈左〉イギリス積みレンガとモールディングの石

杵島炭鉱跡

78

松浦炭鉱

長崎県松浦市福島町・今福町《いまふくちょう》・志佐町、佐世保市世知原町《せちばる》

巻頭地図15

海岸線に残る石炭積み出し施設　松浦は、平安時代から戦国時代の水軍として有名な「松浦党」発祥の地として知られる。北松浦半島の北東部に位置し、弘安の役（一二八一年）で元軍と戦闘をした鷹島など多くの島を抱える。そのうち北松浦半島と佐世保市一帯では石炭の採掘が行われた。

松浦の炭鉱のうち向山炭鉱は、向山鉱山（株）が一九一七年（大正六）に立岩で開坑したといわれ、一九六三年（昭和三十八）まで操業している。海上に点々とする鉄の残骸は、川南工業（株）向山炭鉱の石炭積み出し施設である。今はこの残骸とともに、人間魚雷の製造工場でもあった川南工業（株）浦ノ崎造船所がそばに残る。

松浦湾に点在する炭鉱　松浦湾に浮かぶ小さな島「飛島」にも、小さな炭鉱があった。飛島炭鉱は一九五〇年（昭和二十五）に開坑し、一九五六年に上田鉱業（株）が継承するが、一九六九年に閉山した。最盛期には二〇〇〇人が住んでいたというが、現在は八〇人にも満たない。島の西の端にあるボタ山と積み込み施設がかつての炭鉱の存在を伝えている。

中島徳松の営んだ炭鉱　松浦で多くの炭鉱を経営した人物として中島鉱業（株）の中島徳松があげられる。中島は、福岡県飯塚市の飯塚炭鉱、宇美町の昭和鉱業所のほか、長崎県福島町にも鯛之鼻鉱業所を経営した。長崎には一九三三年（昭和八）開坑の江口坑、一九三八年開坑の志佐鉱業所を経営したが、現在その施設の一部が残っている。江口坑は、後に中興鉱業となるが、住宅の一部となった巻上機台座や、水路となっている大平坑の坑口がある。これらの炭鉱については調川《つきのかわ》民俗資料館にその歴史を見ることができる。

志佐町には新志佐炭鉱と栢木炭鉱の坑口も残っている。いづれの坑口にも立派な扁額が取りつけられているが、栢木炭鉱については、栢木をデザインしたマークをあしらっている。

石橋文化の中にある旧松浦炭鉱事務所　世知原の佐々川流域には、明治から大正時代のものを中心に、一六のアーチ石橋群が現存する。そこは世知原炭鉱で栄えたところである。世知原で石炭採掘が始まったのは、一八九一年（明治二十四）のことで、国見炭鉱といった。二年後には松浦炭鉱（株）が経営し、石炭輸送のために一八九六年（明治二十九）松浦炭鉱鉄道が開通（後の国鉄世知原線）。一九三三年（昭和八）には佐々～吉井～世知原が開通し、北松浦半島の石炭輸送が可能になった（一九七一年廃線）。

現在、佐世保市世知原炭鉱資料館となっている飯野炭鉱（株）松浦炭鉱事務所は、本田清次が設計し、一九一二年竣工した建築物で、一九七〇年の閉山まで使用された。黄色身を帯びた珍しい砂岩でできており、建物内に展示されているものは、江戸～現代の採炭技術、採炭道具のほか、一九七一年に廃止された国鉄世知原線の紹介や地質図、映像資料もある。

そばには松浦炭鉱第三坑坑口が残るが、約一五mほどの内部は苔むし、非公開となっている。また、ボタ山は整備され五五五段の階段の展望台となり、ホッパーも付近に残っているが、それが炭鉱の遺産であることを知る人は少ない。

松浦炭鉱事務所

松浦炭鉱第三坑坑口

向山炭鉱積込桟橋

飛島坑積込施設

江口坑巻上機台座

大平坑

栢木炭鉱

新志佐炭鉱

79

北《ほく》松《しょう》炭田

長崎県佐世保市佐々町・江迎町《えむかえまち》・鹿町町《しかまちちょう》・小佐々町

巻頭地図15

佐世保鉄道沿線の中小炭鉱　北松炭田は、平戸藩が採掘していた。佐世保鉄道の敷設により発達し、現在の松浦鉄道（株）松浦線の路線は石炭の運搬のため、佐世保軽便鉄道が一九二〇年（大正九）に開通したものである。これによって積出港である相浦港から柚木駅までがつながった。

世知原の下流の佐々川沿いにある佐々町にも、中小炭鉱が多くあった。明治期に開坑した矢岳炭鉱は、一九三七年（昭和十二）に日本化学工業（株）が買収後、日産化学工業（株）矢岳炭鉱を経て日鉄鉱業（株）に譲渡され、一九六二年の閉山まで続いた。田んぼの中にポツリと煉瓦造の変電所跡と、人道坑口が残っている。

佐々町の北にある江迎町には、江迎鉱業所の跡がある。一九一〇年（明治四十三）ごろから採掘が行われたが、一九三四年（昭和九）に日本窒素肥料（株）が買収し、日窒鉱業（株）となって一九六六年まで操業した。また、潜龍《せんりゅう》炭鉱は一九二八年にはじまり、一九六〇年に一度閉山したが、住友鉱業（株）潜龍鉱業所が一九六七年まで操業した。

佐々町の西にある鹿町町には、鹿町炭鉱の石炭積み出し港跡があり、当時を伝えているほか、鹿町町の歴史民俗資料館では、古い採炭道具（セットウ、ノミ、スコップなど）を展示する。

長大な海上輸送のための石炭積出し施設　日本本土最西端の地にある海沿いの小佐々町では、楠泊港から石炭を輸送していた。その中で、明治期に開坑した神田《こうだ》炭鉱は、日鉄鉱業（株）が一九三八年（昭和十三）から一九六一年まで操業した。現在は、ホッパーだけが漁港の中心に長大な姿で残り、当時の面影を伝える。

80

大島炭鉱・崎戸炭鉱

長崎県西海《さいかい》市大島町・崎戸町

巻頭地図16

陸続きになった鬼が島　大島は、西彼杵《にしそのぎ》半島の西方海上に浮かぶ離島であったが、現在は大島大橋で陸と結ばれている。大島炭鉱は大正時代の開坑で、一九三五年（昭和十）に松島炭鉱（株）が大島鉱業所として操業し、一九七〇年に閉山した。その後は、大島造船所が完成し、造船のまちとなっている。現在、大島港付近には事務所跡や炭鉱の人道坑跡、木造二階建社宅も残されている。町営団地内には「大島炭鉱を偲ぶ碑」もある。

崎戸島も本郷橋がかかるまでは離島であった。戦時中には、高島・端島炭鉱と並んで重労働の炭鉱で、「一に高島、二に端島、三で崎戸の鬼ヶ島」と言われたこともあった。朝鮮人・中国人が強制連行されたところでもあり、一九四四年十二月の三菱崎戸炭鉱の労働力は、内地人三六〇一人、勤労報国隊六四六人、朝鮮人三〇〇二人、中国人四二四人であったという。

三菱鉱業（株）崎戸炭鉱は、大正時代の開坑と思われ、一九〇七年（明治四十）から九州炭鉱汽船（株）による採掘が本格化した。一九一一年に三菱が経営に参加し、三菱鉱業（株）崎戸炭鉱となって、一九六八年まで採掘している。現在は、集合住宅、煙突、シックナーやホッパーの残骸などが残るが、煉瓦造の巻上機室は特に古い遺構である。

崎戸町歴史民俗資料館は、ホッパーの形をした資料館で、崎戸炭鉱の資料が豊富で、館前には鉱夫像がある。この「活力」像は、高島にある長崎市高島石炭資料館内の鉱夫像「曙」と同形ものだ。経営がともに三菱鉱業（株）であり、同時期につくったものと考えられる。

「活力」像

矢岳炭鉱ホッパー

大平炭鉱を示す石柱

神田炭鉱変電所跡

大島鉱業所二階建社宅

崎戸炭鉱福浦坑巻上機室

〈右下〉レンガとコンクリートの煙突

〈左下〉崎戸炭鉱のアパート

81

池島炭鉱・松島炭鉱

長崎県長崎市外海《そとめ》町

巻頭地図16

捕鯨から海底炭鉱の島へ　池島は、神浦の西方七㎞に浮かぶ島で、江戸時代は捕鯨が盛んであった。炭鉱の盛んになった時期は、栄養のある鯨肉が坑夫に好まれた。そのほか北部九州の各炭鉱でも、塩鯨やベーコンなどを食べる文化が根付いた。

その池島には、一九五二年（昭和二十七）、松島炭鉱（株）が大島鉱業所の利益で開発した池島鉱業所がある。現存する施設では一九六七年完成の第一竪坑と、一九八一年に完成の第二竪坑、学校、社宅、スーパーなどが今でも残っている。会社は、一九八三年に三井松島産業（株）となり、現在の会社、三井松島リソーシス（株）となってからは、海外からの研修生受け入れを行っていたが、今は一般向の坑内現場・模擬坑道の見学を模索中である。

この海底炭鉱は、最盛期の一九八五年度は年産一五三万tを出炭した。いち早く機械化を進め、太平洋炭鉱（北海道釧路市）とともに最後まで坑内採炭を続け、二〇〇一（平成十三）年十一月二十九日まで操業した。残された埋蔵量は約一七億t（日本で一年間に消費する石炭の約一〇年分）あるという。

石炭の島から電力の島へ　松島は、外海町瀬戸の西方二㎞に浮かぶ離島で、「かくれキリシタン」の潜伏地のひとつとして知られている。ここにあった松島炭鉱は、一八八五年（明治十八）に三菱（資）が開発するが、三年後に撤退すると　一九〇五年に古賀鉱業（資）が第一坑～三坑を開坑した。一九一三年（大正二）に三井鉱山（株）が松島炭鉱（株）をつくった。一九三四年に閉山後の主要な産業は火力発電で、電源開発（株）が海外炭を利用した発電をしている。炭鉱の遺構が、島の南側に残り、第四坑跡や慰霊塔が石炭産業の墓標のようにみえる。

また、南に位置する、一九四一年から一九七二年まで伊王島炭鉱は現在はリゾート地となっている。

82

高島炭鉱

長崎県長崎市高島町

巻頭地図16

日本初の西洋式竪坑　高島は長崎港から南西へ一五kmほどの位置にある。江戸時代末期に日本の近代化が始まると、蒸気船の燃料として石炭の需要が急増した。高島炭鉱での石炭発見は、一六九五年（元禄八）と言われている。当時の高島では、早くから瀬戸内の製塩事業向けに採炭が行われていたが、一八六八年（明治元）に佐賀藩とグラバー商会が開発し、翌年から採炭を始めたのが北渓井坑《はっけいせいこう》（町史跡）である。日本の近代石炭産業の原点とされる初の西洋式竪坑は、深さ四五mと浅いものであった。一八七六年に廃坑となったが、今はフェンスで囲まれ、井戸のようになっているが、重要な遺構である。島内にある南渓井坑跡も、同じ明治期の開坑となる重要な遺構であるとともに、二子坑跡、慰霊碑も伝承されるべき遺構である。

高島の歴史を刻む資料館　長崎市高島石炭資料館は、労働組合事務所跡に開設したもので、高島炭鉱の坑内外図や、一九〇一年に建てられた高島炭坑クラブの模型、操業当時の写真、採掘用の機械等が展示されている。また、屋外にも高島炭鉱の模型やディーゼル機関車などが展示されている。

一八七四年に官営となり、同年に後藤象二郎が買収するがうまくゆかず、岩崎弥太郎が譲り受けて以降、高島は端島と共に一貫して三菱の経営下になった。一九一八年（大正七）に三菱鉱業（株）高島鉱業所となった。

一九七三年（昭和四十八）に三菱石炭鉱業（株）になり、最盛期には竪坑（九六五m）掘削の成功でめざましい業績を残したが、一九八七年に閉山した。

「曙」像

石炭積込施設

第一竪坑

排気坑見学斜坑入口

第二竪坑と女神の像

松島炭鉱松島変電所跡

集合住宅

北渓井坑

南渓井坑

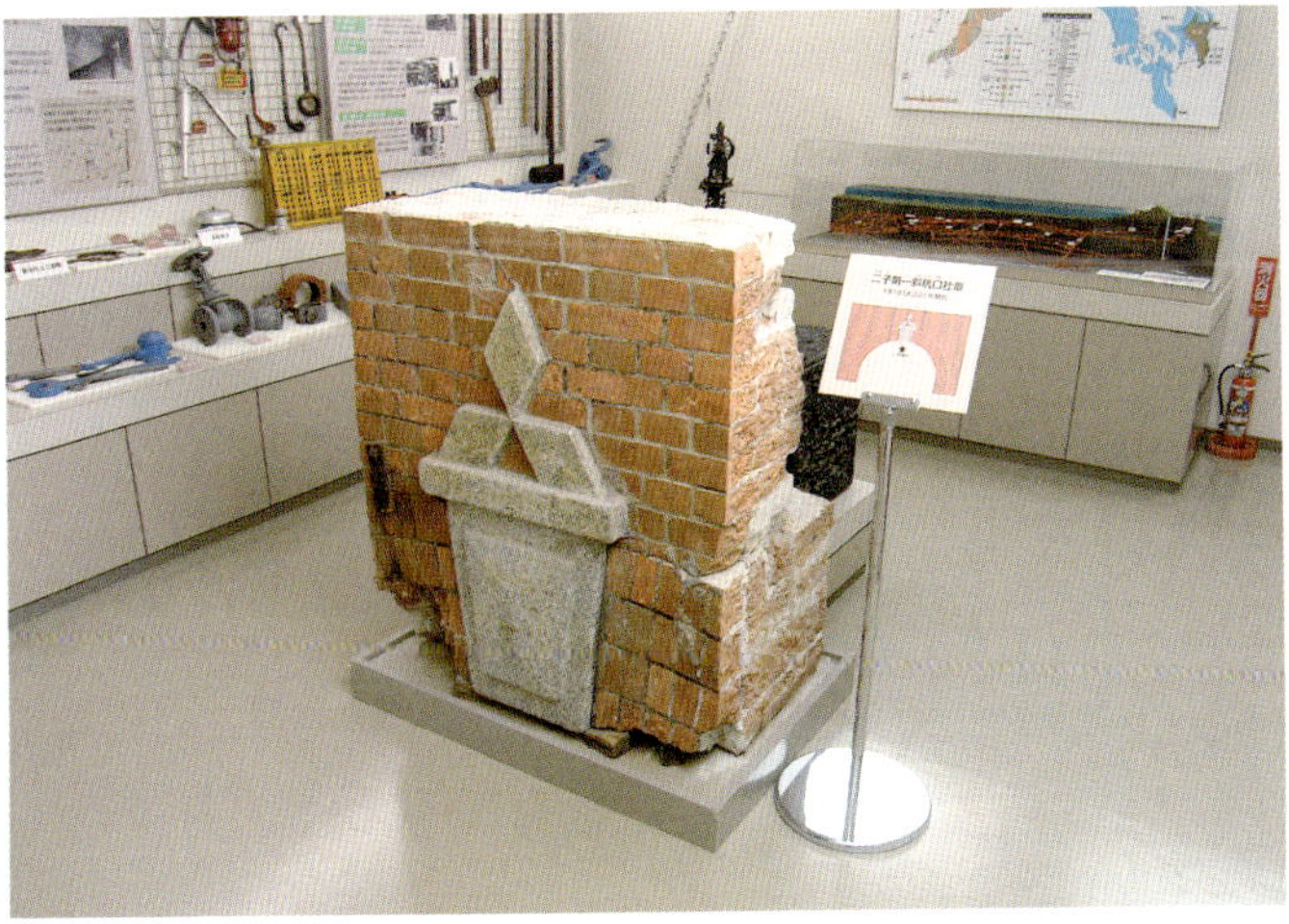

高島石炭資料資料館にある
二子第一斜坑口の社章

83

端《は》島《しま》炭鉱

長崎県長崎市高島町字端島

巻頭地図16

「軍艦島」とよばれた島　野母半島の海上に島が浮ぶ戦艦「土佐」に似た小さな島がある。正式の名を「端島」といい、通称「軍艦島」と呼ばれる。石炭産業の進展に伴い南北約四八〇m、東西約一六〇m、周囲約一・二kmのコンクリート壁で囲まれた人工島である。一八九〇年（明治二十三）、岩崎弥太郎の興した三菱社が譲り受けてから、三菱鉱業（株）高島鉱業所端島炭鉱となり、隆盛を誇った。昭和三十年代には石炭を掘り出すために約五〇〇〇人の人々が住み、世界最高の人口密度を誇った。しかし、一九七四年（昭和四十九）閉山し、今は無人島である。

　島内には学校から病院、映画館、各種商店、旅館、寺社等が建てられ、墓所と公園を除くすべての生活施設があった。

日本初づくしの施設跡　島には、一九一六年（大正五）竣工である日本初の高層鉄筋コンクリート造アパート三十号棟をはじめ、一九五七年（昭和三十二）に敷設した海底水道、屋上庭園（明治末期）、一九五四年に造られた可動式桟橋「ドルフィン桟橋」、一九六六年に建てられ屋上菜園として使われていた十八号棟など初物尽くしの遺産が現存する。先端技術が次々と取り入れられた住居地区のほか、鉱業所跡には坑道や竪坑跡・巻場・選炭施設・ベルトコンベア支柱・動力施設などの残骸もあり、一般観光客の上陸・一部見学も可能になった。長崎市は風化に任せる方針だが、人々が去って三〇余年の今、廃墟が人々を引きつけている。

　隣接する炭鉱の島では、端島よりも早い一八八四年に三菱社が一〇年間操業した、中ノ島がある。軍艦島観光の途中でその姿を見ることができる。

84

グラバー邸

長崎県長崎市

巻頭地図16

三菱の基礎をつくったスコットランド商人　T・B・グラバーは幕末の商人で、グラバー商会を設立し、明治期に高島炭鉱の経営に当たった。そのグラバーが住んでいた日本最古の木造洋風建築がグラバー園施設群のひとつとなって整備されている。

園内には旧リンガー住宅・旧オルト住宅（ともに国の重要文化財）のほか、旧ウォーカー住宅・旧三菱第二ドックハウス・旧スチイル記念学校など市内の歴史的建造物を移築しているほか、オペラ「マダム・バタフライ（蝶々夫人）」ゆかりの地ともなっており、オペラ歌手として名を馳せた三浦環の像もある。

グラバーが長崎の炭鉱開発、ドック建設など日本の近代化に果たした役割は大きい。一八六五年（慶応元）には、大浦海岸において日本で初めて蒸気機関車（アイアン・デューク号）を走らせ、一八六八年（明治元）には肥前藩と契約して高島炭鉱の開発に着手、また日本初の西洋式ドックである小菅《こすげ》修船場を造った。グラバー商会は一八七〇年に破産するが、グラバー自身は日本に留まり、一八八一年の官営事業払い下げで三菱の岩崎弥太郎が高島炭鉱を買収すると、高島炭鉱の所長として経営に当たる。一八八五年以後は三菱財閥の相談役としても活躍し、スプリング・バレー・ブルワリーの再建を勧めて麒麟麦酒（現・キリンホールディングス）の基礎を築いた。

この邸宅から眺める造船の街の風景はすばらしいが、長崎の街が三菱の城下町であることを一目で確認することができる場所だ。

〈上〉三菱高島炭鉱端島炭鉱全景

〈中〉端島坑（北西側）

〈下〉端島坑（北東側）中央に神社跡も見える

旧グラバー住宅

旧三菱第２ドックハウス

〈右下〉オペラ「マダム・バタフライ」の三浦環像

〈左下〉旧オルト住宅

85

三池炭鉱万《まん》田《だ》坑

熊本県荒尾市原万田

巻頭地図13

三池の大規模竪坑　第一竪坑は基礎部分が残り、第二竪坑は巻上機室と櫓が残る。鋼製の櫓は、高さ二一・三三ｍでコンクリート造の基礎部が附属する。

三池鉱山（株）三池炭鉱は、一八七三年（明治六）官営となり、一八八九年、三井家が払い下げを受けて團琢磨事務長のもと稼働する。万田鉱は、一八九七年に第一竪坑、翌年に第二竪坑の開削に着手し、揚炭の第一竪坑は一九〇二年に開坑、人員輸送の第二竪坑は一九〇七年に開坑する。一九五一年（昭和二十六）に第一竪坑が閉鎖し、三年後にその櫓は芦別鉱業所へ移設され、第二竪坑は一九九七年（平成九）に閉鎖している。

巻上機室は煉瓦造で、二階建である。周辺には安全燈室及び浴室、事務所、山ノ神祭祀施設が残るほか、炭鉱のシステム（採炭、選炭、運炭）がわかる。万田炭鉱館や万田炭鉱ステーションが作られ、見学希望をすればガイドがつく。

三井が開いた主力坑は、明治後期から大正期の勝立坑に次いで、大正期から昭和前期に宮原坑、万田坑が活躍し、それ以降に開かれた主力坑としては四山坑、三川坑、有明坑があった。

世界遺産めざして　二〇〇七年、九州・山口の六県一一市で共同提案した「九州・山口の近代化産業遺産群─非西洋世界における近代化の先駆け─」が、世界遺産暫定一覧表に追加記載された。これには、萩反射炉・官営八幡製鐵所・端島炭鉱・三角旧港（西港）施設・尚古集成館とともに三池炭田関連遺産が挙がっており、東洋で初めて工業国家となった日本のアイデンティティーであることが評価されている。また、それら施設を広域的な取組（シリアル・ノミネーション）として捉えていることが注目されている。

86

魚《お》貫《にき》炭鉱

熊本県天草市魚貫町

巻頭地図18

幕末から採掘した炭鉱　天草炭田は宇土半島西部から天草島一帯にあり、中心は下島である。石炭は享和年間（一八〇一～一九〇三）に発見され、明治期から無煙炭の採掘が活発になった。最盛期の一九五〇年（昭和二十五）頃には北の志岐から南の下須島までの各地区で約二〇カ所の炭鉱が稼動していたが、一九七五年までに全て閉山した。

南部にある魚貫炭鉱は、幕末より採炭が始められた。一九〇三年（明治三十六）に日本練炭（株）が買収し、戦後は天草市苓北に志岐炭鉱を持つ久恒鉱業（株）から、一九五一年には魚貫炭鉱（株）として独立し、中ノ浦坑、魚貫坑、久貫坑の三箇所で採炭した。

周辺では一九七二年まで採炭が行われていたようだが、現在、鉄筋コンクリート造のホッパー、石炭の積み出しが行われた埠頭、運搬路の坑口などが残る。

また、ホッパーのような施設と小屋が剣道沿いに残っている。この石炭は灰分が少なく、燃焼時に煙が出ないために、主に練炭や豆炭・炭団《たどん》（沈殿した粉炭を丸め、乾燥させた家庭用燃料）等の原料となった。

天草下島には志岐炭鉱があったが、一九七五年に閉山した久恒志岐炭鉱社宅跡にはボタ積の石碑の台座が残っている。この付近では多くの場所で採炭を行っていたものの、発電所近くの山林に共同風呂の浴室が残っているほかは、現在その痕跡を見つけるのは困難である。

三井石炭鉱業㈱
三池炭鉱旧万田坑施設

万田坑巻上機室

万田坑施設内部
（キャップランプ充電室）

志岐炭鉱跡にある碑跡

魚貫炭鉱跡

魚貫炭鉱ホッパー

87

烏《え》帽《ぼ》子《し》坑

熊本県天草市牛深町

巻頭地図18

海上からそそり立つ煉瓦の坑口　陸地から約二〇〇m沖合の烏帽子瀬という岩礁に造られた坑口があり、この小森海岸に沈む夕陽は「日本の夕陽百選」にも選ばれている。海面からせり出し坑口を開けている様は、他に類を見ず、背後には天然石の防波堤がつくられており、荒波から坑口を守っている。急角度に立ち上がる坑口は、下部が石組みで上部が煉瓦巻で、周辺には切石が並べられている。この斜坑で、海底の切羽まで炭車が往復していた。

烏帽子坑は天草炭業（株）が一八九七年（明治三十）に開坑し、翌年、海軍の指導により、少人数で艦船向けの無煙炭を採掘していた。一九〇一年に日本煉炭（株）と改称し、採掘を続けたが、炭層は薄く傾斜も大きかったため、操業期間はわずか四、五年で閉山した。この周辺にはボタがたくさんころがっている。

牛深を中心とした天草南部炭田の石炭は、カロリーが高い無煙炭だった。このため、当時の海軍省は、危険性がある海底採炭に着手し出炭したが、湧水等により数年間ほどで操業を中止した。

閉山以降石と煉瓦でつくられたツートンカラーの坑口は、台風が来襲し大波を受けたにも関わらず、崩壊をまぬがれている。アーチ型の赤煉瓦の坑口は残っているが、いつまで坑口の形を保つことができるか危惧される。この珍しい海底炭鉱の坑口の上にある「天草炭業株式會社」の扁額が双眼鏡で見えるが、現在も当時の姿をそのままに残している。

88

三角旧港（西港）

熊本県宇城市三角町

巻頭地図17

西洋風の港湾　熊本における港湾計画は一八八〇年（明治十三）当初、熊本市沖の百貫港に貿易港の建設を予定していた。この計画調査のため内務省雇のオランダ人土木技師A・T・L・R・ムルデルが派遣されたが、百貫港は洋風の築港計画には良好な土地でなく、代わりに近くの沿岸の三角旧港（西港）が候補地となったのである。

西港は当時、陸の孤島であったが、ムルデルの設計、監督によって、一八八三年に築港工事が始まった。当時、国の直轄事業として進められたのが宮城県の野蒜《のびる》港、福井県の三国港と三角港の三港などであり、代表的なこれらが明治の三大築港と言われた。構造形式は石造埠頭で、岸壁（階段付）、エプロン（係船柱付）、法面（階段付）及び斜路からなる。一八八七年に竣工した。熊本の高度な石積み技術が使用されており、今なお当時の石積埠頭のまま良好に残っている。この大変美しい港の総延長は、七五六ｍにも及んでいる。

この近代港湾では、道路や生活施設等の都市基盤が一体となって整備され、地区には旧宇土郡役所（現在は九州海技学院）、旧裁判所（同法の館）、龍驤館《りゅうじょうかん》*などが残る。静かな西洋建築の立ち並ぶ石造埠頭の風景は、やさしい風に包まれているかのようだ。

* 一九一八年に、明治天皇即位五〇周年を記念し、頌徳記念館として建設した。

烏帽子坑全景

烏帽子坑

烏帽子坑にある他の坑口

三角西港石積埠頭

三角西港浦島屋（復元）

89

西《いり》表《おもて》炭鉱

沖縄県八重山郡竹富町西表島

巻頭地図19

ジャングルに飲み込まれた炭鉱　八重山諸島最大の島である西表島には、八重山言葉で「神の座」を意味するとされるカンピレーの滝などの景観や、サキシマスオウノキ、星砂が散在するビーチなどがあり、常夏の楽園といったところだ。また、イリオモテヤマネコや由布島の水牛車で有名だが、昭和初期にはここに炭鉱があったことを誰が想像できるだろうか。

宇《う》多《た》良《ら》鉱業所は、浦内川の河口部から少し北に分岐している宇多良川沿いにある。一九三三年（昭和八）に、丸三炭鉱（名）宇多良鉱業所が開設され炭鉱村を形成すると、三年後には南海炭鉱（株）が西表・宇多良南風坂坑などを採掘した。一九三八年には星岡鉱業所が赤崎で開坑するが、終戦とともに閉山した。

今は炭鉱へとつながる細い道はジャングルと化している。未舗装路を進むと、木々の間から鍛冶屋跡があらわれ、その先に煉瓦支柱の遺構が現れる。これはトロッコの支柱で、近くには船着場や、建物などを散見することができる。貯水槽や風呂場、屋敷跡など生活の痕跡もある。また、一つのコンクリート製の橋があるが、これは、一九五九年六月竣工の宇多良橋であった。閉山後、西表島開発構想があった時の構造物だが、その夢もむなしく今はマングローブに侵食されている。

宇多良橋

90

内《うち》離《ばなり》島《じま》炭鉱、外《そと》離《ばなり》島《じま》炭鉱

沖縄県八重山郡竹富町西表島
内離島・外離島

巻頭地図19

出稼ぎの島　現在、春になるとサトウキビの収穫に出稼ぎに来る若者も多くなる西表島だが、大正末期から昭和初期にかけては、その形態が炭鉱にもあった。炭鉱は一時、かなり発展したが、現在の常夏の楽園というイメージからは程遠い。

内離島炭坑は、一八八五年（明治十八）に三井物産会社が開発し、三年後にマラリアの蔓延で撤退した。一八九一年に大倉組が南風坂坑を採掘し、一八九九年まで香港・上海に石炭を輸出していた。

元成屋地区では一九〇七年に、八重山炭鉱汽船（名）が掘削を始めたが、そのときの従業員、約一三〇〇人のうち福州人が一五〇人、台湾人が二五〇人あまりだったという。小学校も開設し、一九二一年（大正十）まで採掘がおこなわれた。第二次世界大戦中に次第に衰退した後、琉球炭鉱会社が事業を引き継ぎ、一九六〇年（昭和三十五）に外離島炭坑を開削したが、三年で終了している。

現在、元成屋、内離島、外離島などを周遊できる観光コースがある。元成屋の岸には石炭を積み込んでいた桟橋跡が残り、内離島には東に南風坂坑の坑口、西に第八坑の坑口と煙突、積み出し場跡などの炭鉱の一部が残っているが、いまだにジャングルの中にある。外離島には星岡坑跡が残っている。

また、沖縄本島の北の与論島から九州の炭鉱に労働者として移民した人もいるが、一九一〇年に島民約三百人が長崎県口之津町へ集団移住し、さらに福岡県大牟田市の三川町に再移住し、島の社会が築かれていたことがわかっている。現在でも福岡県大牟田市では与論町《よろんちょう》という通称の土地があり、離島の文化も根付いている。

宇多良鉱業所レンガ桟橋

コンクリート桟橋

冷蔵施設

〈上右〉外離島炭鉱全景

〈上左〉内離炭鉱坑口

〈中〉内離島炭鉱貯炭場

〈下〉船浮炭鉱桟橋跡

炭鉱《ヤマ》の唄・食べ物3

田川市石炭記念公園の中に炭坑節発祥の記念碑が建てられているが、北部九州では「正調炭坑節」が盆踊りでよく踊られている。もとは選炭婦が謡っていたものが戦前に流行し、その踊りの振り付けは石炭を掘る形となっている。田川が発祥となっているが、三池炭鉱の歌詞のほうが有名になった。これは「七つ八つからカンテラ下げて　坑内下がるも親の罰」などと苦しい事情が歌われた坑内歌（ゴットン節）が変化したものといわれている。

正調炭坑節発祥の地であり、炭鉱の歴史と文化に彩られた田川市では、平成十八年度より、現在、毎年十一月に田川市石炭記念公園で、TAGAWAコールマイン・フェスティバル「炭坑節まつり」を開催している。伝統芸能や打ち上げ花火、炭坑節総踊りなどが二日間にわたって行われる。

月が出た出た　月が出た（ヨイヨイ）三井炭坑の　上に出た　あんまり煙突が　高いので　さぞやお月さん　煙たかろ（サノヨイヨイ）

あなたがその気で　言うのなら（ヨイヨイ）思い切ります　別れます　もとの娘の　十八に　返してくれたら　別れます（サノヨイヨイ）

一山二山　三山越え（ヨイヨイ）奥に咲いたる　八重つつじ　なんぼ色よく　咲いたとて　サマちゃんが通わんにゃ　仇の花（サノヨイヨイ）

晴れて添う日が　来るまでは（ヨイヨイ）心一つ　身は二つ　離れ離れの　切なさに　夢でサマちゃんと　語りたい（サノヨイヨイ）

名菓千鳥饅頭・ひよ子

もつ鍋（福岡で食べられたホルモンの鍋料理）

解説

産業戦士の像（直方市）

日本の石炭産業略史

日本の近代史を見るとき、わが国の近代化に貢献した石炭産業の役割を忘れてはならない。「石炭」は、日本では江戸時代にはすでに商用として採掘されていた。明治維新以後、日本は近代化と反植民地化の手段として外貨獲得、富国強兵に力を注いでいく。一九〇一（明治三十四）年、官営八幡製鐵所が創業し、兵器、造船、鉱山の開発が活発となり、動力も蒸気機関が使用されるようになると、そのエネルギー源である石炭産業が重要な役割を持つことになっていく。

【明治から大正】

一八七三年、「日本坑法」が公布され、一八八七年に軍艦の燃料を確保するため、海軍は予備炭田を指定し、石炭の採掘量は増大し、石炭産業が発展していった。一八九七年、予備炭田が一部を除いて開放されると、それまでおもな産炭地であった北海道、三池、唐津から、筑豊へ重点がおかれる。これらの地域では炭鉱の隆盛につれて、石炭輸送のための鉄道の敷設が相次ぎ、炭鉱独特の集落が形成されてゆき、町や村は飛躍的に発展し、財政的にも潤った。また、明治初期に北海道の炭田調査をしたライマンの弟子が、筑豊炭田の開発に従事するなどした。官営の炭鉱は、三菱・三井・住友財閥に安く払い下げられ、それらが日本の資本蓄積の基盤を作ることになったのである。

日清戦争の結果、日本は朝鮮半島及び満洲（中国東北部）に進出して軍需工業、石炭鉱業、紡績工業や化学工業などの近代化が進む。そして、日露戦争後は浅いところの石炭採掘だけではなく、深い炭層の採掘を目指して、大竪坑時代に入っていく。

一九一四年（大正三）第一次世界大戦が勃発すると、炭鉱も近代化が進み、三井、三菱、住友などの大資本が石炭業界を支配するものとなり、大手は九州・北海道などへ地場炭鉱の買収・併合を行って中小炭鉱は姿を消していった。この大正時代末からは、大戦後の不景気で、炭鉱では人員整理による合理化を迫られることになるが、カッター、オーガー、ピック、コンベアーやエンドレスロープなどの機械化が図られ、ダイナマイト、安全爆薬も普及し炭鉱の効率化が図られた時期でもあった。

明治期の炭鉱では特有の労務管理の制度があり、飯場頭（納屋頭）が、労働者の募集、監督、生活の世話などを一切支配する制度が発達した。これを北海道では飯場制度と呼び、九州地方では納屋制度と呼んでいる。また、北海道では封建的な親分と子分の制度が発展した友子制度があり、同盟員の失業、傷病に際して救済を行う特徴があった。また、九州の納屋制度が明治末期には廃止され直轄制度に変わると、鉱夫を統轄する「取締係」が威圧的に鉱夫を取り扱っていた事実がある。

【昭和（戦前）】

この時期企業としては、炭鉱は総合病院や坑員の各種福祉施設などを新設するなどの生活環境の改善をした。しかし本質的な労働条件は変わらず、のちの労働運動へと繋がって展開していく。日中戦争、第二次世界大戦に突入していくなかで、一九二九年（昭和四）に世界大恐慌に陥ると、炭鉱の出炭制限・鉱員の解雇を引き起こし、この結果、労働争議は激しさを増していくのである。

戦争の進展により、国内では一九三九年には二五歳以上の女子の入坑を認められると、翌年の「石炭配給法」によって石炭鉱業が軍事体制の中に組み込まれ、労働者は「大日本産業報国会」に吸収されてゆく。そして、筑豊の炭鉱では坑夫の不足が深刻な問題となり、多くの朝鮮人労務者に頼らざるを得なくなった。また、統治下の中国（撫順市）、朝鮮半島（忠清道・全羅道）、台湾（新北市）や東南アジアなどで石炭確保が目指された。

一九四一年十二月八日に太平洋戦争に突入すると、国は軍需産業の基礎エネルギーである石炭を確保するため、全国的な石炭増産運動を推進した。翌年になると、兵役義務が延長されて、農村から勤労報国隊や旧制中学の学生が動員され労働力の不足を補い、さらに翌年には中国人や捕虜となった兵隊が投入される状況となった。この時代は、常磐炭鉱（株）などの大手炭鉱では「一山一家」と呼ばれる家族を含めた全員が一員であるという強い連帯感のある、温和な経営もなされたところもある。

この時期、田川の炭鉱技術者田辺儀助が太平洋炭礦（株）釧路鉱業所の初代所長となるなど、資本により北と南の炭鉱はつながっていた。戦時下の一九四四年（昭和十九）八月には、釧路と樺太の炭鉱からの労働力移動が行われるなど、炭鉱労働者は保安要員を除いて、釧路からは筑豊炭田・三池炭田へ、樺太からは常磐炭田・松浦炭田・西彼杵炭田へ、所属していた炭鉱ごとに同資本系の炭鉱へ移動させられた。この「急速転換」で、炭鉱労働者の三分の二が九州へわずか四週間で列車移動したという。

【昭和（戦後）】

一九四五年の大戦終結後は、日本の民主化を基本とするＧＨＱ（連合国軍最高司令官総司令部）による占領行政下で日本における経済復興が進められ、鉄鋼業と石炭鉱業に集中的に資金や資材等を投入する「傾斜生産方式」がとられた。

一九五〇年に勃発した朝鮮戦争の特需により日本の復興が早まる中で、石炭鉱業界は好景気となったが、国内炭の価格が高くなる。

この時期、全国では全国炭鉱技術会、地方の炭鉱技術会、日本鉱業会といった技術系の交流や、日本炭鉱労働組合（炭労）・全国石炭鉱業労働組合（全炭鉱）などの労働運動を通じての交流などがあった。

昭和三十年代にかけては、エネルギー転換政策も重なって、全国の炭鉱はほとんど閉山した。閉山によって失業者や生活保護を受ける者は急増し、一九六一年に施行されたいわゆる「石炭六法」が産炭地の救済策となったが、事故への対策や海外炭との競合から採算性が悪化し、スクラップアンドビルドが行われ、新しい炭鉱への集約が行われた。

【平成】

二〇〇二年（平成十四）一月三十日には、北海道釧路市の太平洋炭鉱が閉山し、日本における坑内掘りの商業用石炭生産の幕が閉じられた。その後、長崎県の池島炭鉱では、外国の技術者が炭鉱技術を学ぶために、坑内作業が継続されていたが、現在では釧路市釧路コールマイン（株）が坑内掘りを続けているのみである。

こうした流れの中、国内の多くの地域で石炭産業の施設はそのままの状態で取り残された。それが現在、産業遺産、とりわけ石炭産業遺産として取り扱われるようになった。

現在、北海道ではうちすてられた炭鉱が林となり、自然の中に帰って行っている状況が見られる。急速に動物たちの住処となっている。沖縄でも小動物の生息地となっているのは、自然の摂理である。ただ、筑豊や常磐、三池では産炭地政策により工場誘致が進み、労働者が暮らせる条件がそろったため、炭鉱跡が住宅地や工場になっているところが多い。

「はじめに」で触れたように石炭産業として表舞台からはなくなっても、エネルギーとして石炭の果たす役割は非常に大きい。平成二十三年三月十一日におきた東北地方太平洋沖地震による東日本大震災では、東京電力（株）の福島第一原子力発電所事故が大きな問題となった。発電のコストから考えると原子力は火力よりも優れているようにみえるが、いったん事故が起きれば大惨事になり、相当のリスクがある。そうなると、他の発電への転換も考えられるが、現在行われている太陽光や風力、水力、石油火力はコスト高であるため、石炭、天然ガス火力による発電に目が向けられることになることも考えられる。すでに環境に調和した石炭利用技術（クリーンコールテクノロジー：CCT）として、石炭液化などの技術開発・普及が行われているが、このことからも、技術としての日本石炭産業史に終わりはないと言える。

炭鉱関連映画について

【状況理解のために】

炭鉱跡を調査し感じたことは、炭鉱で働く人々の生活や状況があまり見えてこないということだった。そのためその時代のひととなりの映像はないか調べると、釧路市立博物館・田川市石炭・歴史博物館、筑豊高校などには当時のフィルムが残っていた。それらの映像は、炭鉱のシステムが中心で炭鉱そのものを理解するには非常に役に立つものであった。その後、映画についても知らべてみると、鑑賞できるほどの多数の炭鉱関連映画が、世界中で製作されていた。

炭鉱関連映画は、北半球、特にヨーロッパや日本に多い。それらは炭鉱の栄えた地域を題材にした映画で、基本的にその「炭鉱の様子」と、そこで問題となっている「生活」について焦点をあてている。実際の映像には炭鉱で稼動している機械や仕組みが表され、炭鉱映画には地域の人達をキャスティングすることが多いので、その映像から炭鉱稼動時の状況を推測することができる。

炭鉱映画の特徴としては、炭鉱不況にあってどん底の生活を余儀なくされ、それでもがんばって生きていくというストーリーが特にあつかわれる。「職が無くなり生活に困るが、落ち込んでいても仕方がないので面白いことを始めると、それなりに成功する。しかし、相変わらず職がない状態は続く」といったものもある。

この状況というものは、時代は変わっても現在の社会に合い通じるものが多い。炭鉱ほどの肉体的悲惨さはないにしても、派遣社員・フリーターなど、その場だけの労働力を提供する仕組みのある現代では、精神的悲惨さからみると炭鉱労働以上に問題があると感じる。

ここでは、商業的な炭鉱に関連した映画を紹介していくが、炭鉱労働の一部を垣間見ることができるので、機会があれば観賞もしていただきたいと思う。

【外国映画】

まずはヨーロッパとアメリカの炭鉱関連映画だが、古いものから紹介する。

『わが谷は緑なりき』（一九四一年・アメリカ）は、一九世紀末のイギリスはウェールズを舞台とし、炭鉱地帯に住むモーガン一家の少年ヒューの目を通して、炭鉱一家の運命を見つめている物語だ。坑夫の賃金カットで組合結成の機運が高まり、モーガン家の兄弟たちは参加するが、厳格な父親は反対し、兄弟たちは家を離れていく。姉も不本意な結婚を承諾し南米へと渡り、末っ子のヒューだけとなるが、そのなかで家族の絆が捉えられている作品である。

『ブラス!』(一九九六年・イギリス)は、炭鉱閉鎖の持ち上がるイギリスのヨークシャーが舞台である。坑夫の仲間たちで結成された伝統あるブラスバンド「グライムソープ・コリアリー・バンド」が全英選手権の大会が開催されるロイヤル・アルバートホールを目指す話である。指揮者のダニーが「音楽がすべて」とプライドの大切さを訴える中、炭鉱では閉山が決まり、失業という現実は変わらない。しかし、音楽への情熱を通じて、坑夫達は決勝へ行くことを決意する。実話に基づくストーリーが胸を打つ感動の作品だ。

『フル・モンティ』(一九九七年・イギリス)は、アカデミー賞四部門を制覇した作品だ。鉄鋼と石炭産業で栄えたイギリスのシェフィールドでは、一九七〇年代に工場が次々に閉鎖する。失業したガズは、偶然、男性ストリップに歓喜する女達を見て自分もすることにしたのだ。「悲惨なときほど明るくやろうぜ!」を合言葉に男たちはすべてを脱ぎすてる傑作である。

『遠い空の向こうに　ロケットボーイズ』(一九九九年・アメリカ)は、一九五七年のウエストバージニア州の炭鉱町に住む、ソ連の人工衛星打上げに触発された高校生ホーマーの物語である。坑夫の息子は坑夫になるのが常識だった時代に、父親の反対を押しきり、ホーマーは三人の仲間と女教師の助けを借りながら、夢であるロケットを作りあげ、国際学生科学フェアで勝利する。そして、その後NASA技術者となる実話である。

『リトル・ダンサー』(二〇〇〇年・イギリス)は、一九八四年のイングランド北東部の炭鉱町で母親を亡くしたばかりのビリー少年の物語だ。失業中の父に反対されながらも、バレエに心奪われ、夢に向かって大きく羽ばたいていく作品で、最後のシーンではバレエダンサーとなった彼と、少年の頃の映像が重ね合わさる。アカデミー賞三部門にノミネートされた。

『今日から始まる』(二〇〇二年・フランス)は、不況にあえぐ炭鉱町で、幼稚園の園長を勤めるダニエルが、厳しい状況にある子供たちとその家庭・取り巻く社会と向かい合っていく物語である。家庭・福祉・教育のあり方について問うこの作品には、園長の勇気と暖かさが満ちあふれている。フランス製作の映画で先輩格は『ジェルミナル』(一九九三年)がある。一九世紀末の北フランスの坑夫たちと賃金カットを打ち出した経営者との対立、そして彼らを支える労働者の家族というものを力強く浮き彫りにした名作となっている。また、炭鉱の盛んなドイツでも『炭坑』（一九三一年）という映画があり、ヨーロッパが舞台となった炭鉱関連映画は多い。

違った視点からの作品では『スタンドアップ』（二〇〇五年・アメリカ）がある。炭鉱町に帰ってきた女性ジョージーは、二人の子どもうを養うため、炭鉱で働くことになった。ただ、彼女に突きつけたものは重労働だけでなく、侮辱、陵辱、脅迫といった人間の尊厳にかかわる問題であった。鉱山労働を背景に、全米初のセクシャル・ハラスメント勝訴を勝ち取った物語である。

アジアでもいくつかの炭鉱関連映画が製作されている。韓国の炭鉱関連の作品『春が来れば』（二〇〇四年・韓国）は、トランペッターのヒョヌが、交響楽団に入るという夢も実現しないまま、炭鉱町の中学校で吹奏楽部の指導をするうちに、人の心の温かさに触れる姿を描いている。中国では、『盲井』（二〇〇三年）、『三峡好人（日本題は長江哀歌《エレジー》）』（二〇〇六年・中国）などが挙げられる。

【国内映画】

日本の炭鉱映画では、第一に挙げられるのは、五木寛之原作の『青春の門』であろう。昭和初期の九州筑豊が舞台となり、そこで、主役の伊吹信介が成長し、幼馴染の織江を通して性に目覚め、青春の門を潜り抜けていくのである。一九七五年と一九七七年の「自立篇」の公開では、伊吹信介役は田中健、牧織江役は大竹しのぶのキャストだった。一九八一年と一九八二年のリメイクが公開され、その後、テレビ版も放映されたロングラン作品となった。

古い映画では、北海道を舞台とした『女ひとり大地を行く』（一九五三年）がある。貧しい農村から出て炭鉱へ出稼ぎに行った夫がガス爆発事故で亡くなり、その夫に代わって炭鉱労働者になった女性が重労働に耐えながら息子二人を育てていく姿を描く。山田五十鈴の女坑夫役が話題となった。その二年後の作品『浮草日記』では、ご難続きの旅回り一座が、炭鉱町でストに遭遇し、その炭労との奇妙な心のふれあいを描いている。

また、九州では『にあんちゃん』（一九五九年）が有名だ。在日朝鮮人の少女の作文が原作で、佐賀の炭鉱町で両親と死別した兄弟姉妹四人が、希望を失わずに生きる姿を綴っている。末っ子の作者が慕う次兄の愛称（にあんちゃん）が表題となり、家族の絆がひしひしと伝わってくるストーリーである。また、この映画は「黒い羽根」助け合い運動に協賛して作られた。

『筑豊のこどもたち』（一九六〇年）は、筑豊地方の炭住で、貧しくとも親に頼らず、自分たちで生きて行かなければならない子供たちの日常を描いている。昭和三十年頃には、これらの映画とともに「義理人情」をえがいた映画があった。北九州の『花と竜』(一九六二年)が挙げられる。火野葦平原作の任侠作品で、明治末、石炭積出港として湧く若松へやって来た玉井とマン夫婦が、持ち前の度胸と才覚で一介の「沖仲仕」から一家を成していく姿を描くものだ。

北海道では夕張炭鉱の叙情的作品もある。『幸せの黄色いハンカチ』(一九七七年)だ。山田洋次監督で、刑務所を出所したばかりの島勇作が、夕張で暮らす妻の元へ向かう姿を描く。「もし、まだ待っててくれるなら、黄色いハンカチをぶらさげてくれ」の名台詞にあるハンカチを見に訪れる人も多い。高倉健・倍賞千恵子・武田鉄矢・桃井かおりが出演し、第一回日本アカデミー賞など数々の賞を受賞した。

山田洋次には一九七〇年の『家族』という作品もある。一九七〇年(昭和四十五)の閉山前の長崎県伊王島町で働いていた鉱員が、北海道の開拓村へたどり着くまでの旅の記録である。

ほかにも、北部九州の炭鉱映画『三たびの海峡』(一九九五年)では炭鉱を舞台に第二次世界大戦から現代に至る、韓国と日本の悩める人権問題が主題となっている。この映画には志免町の竪坑櫓とボタ山が映しだされている。

最近ヒットした炭鉱映画といえば『フラガール』(二〇〇六年)である。常磐の炭鉱町で、ハワイアンセンターを創業する際(一九六五年)の、フラガールたちの物語である。閉山へと追い込まれる地域で、炭鉱会社が坑内から出る豊富な湯に着目し、観光会社へ主軸を移していく。東北にハワイを作るという事業に、炭鉱の娘たちが奮闘するのである。映画のロケ地を訪れる人も少なくない。

炭鉱の追憶的映画では『東京タワー　オカンとボクと、時々、オトン』(二〇〇七年)が製作されている。リリー・フランキー原作の実体験を基にした映画で、筑豊炭鉱ちかくで育ち、東京暮らしとなった主人公が、母親を呼び寄せるまでの作品で、悲哀がただよう。また、二〇一〇年の『信さん』は、一九六三年に主人公の美智代が故郷である九州の炭鉱町に帰り、そこで息子が知り合った信一という少年の物語となっている。

これらのほかに、ドキュメンタリーの映画もある。『三池　終わらない炭鉱の物語』は、近代化遺産の映像や炭鉱関係者のインタビューを交え、大牟田の石炭産業に迫った四部作である。北海道美唄炭坑にて製作した『炭坑』(一九四七年)や、『記録映画　みいけ』(一九九七年)、『三池闘争』(一九九八年)なども挙げられる。

以上の炭鉱映画には、どれも職業の危うさという現実が表現されており、貧しいながらに肩を寄せ合って生きていくというスタイルが多い。その先にあるものは、労働問題という主題であり、その根底が切り離されることはない。

石炭産業遺産の保存と活用について

【エコミュージアムとしての石炭産業遺産】

日本にはさまざまな文化財があるが、近代化遺産、特に石炭産業遺産については知られていないものが多い。最近はスピード化の時代で、遠く（世界）を見ることに慣れてきた反面、近く（地域）を見ることが忘れ去られてきた。その中で、「石炭産業遺産」といわれるものは、見捨てられた産業廃棄物として古代の遺跡などとは違うものとして扱われてきた。しかし、全国の炭鉱労働者が重労働でホルモン料理をつまみに酒を飲んでいるときに、炭鉱の開発に携わった外国人たちがビールや西洋風建築物などの西洋文化を普及させていったことなどが、その歴史から見えてくると、現在では人々の心をとらえる文化財となってきたように思う。

中国の古典「易経」に、「観国之光利用賓于王」（国の光をしめす　もって王の賓たるによろし）とあるが、古代の遺跡と同じく石炭産業遺産があり、日本にとって、いや世界にとっても貴重な文化財となってきているのである。

そして三〇年前、遺産を伝承するために、ヨーロッパで「エコミュージアム」という手法に光が当てられていた。「エコミュージアム」はその地域全体が博物館となり、フィールドを保存・活用し、屋根のない博物館として地域の魅力を再発見することにある。炭鉱をテーマとして博物館となっているものについては、ベルギーにあるブレニー観光炭鉱博物館や、イギリス、フランス、ドイツでの博物館がある。近代の石炭採掘技術はヨーロッパが発祥なので、当然といえばそうかもしれないが、イギリス南西部のブレナヴォンやアイアンブリッジ峡谷、ドイツのエッセンにあるツォルフェライン炭鉱の産業建造物群は世界遺産にも登録され、炭鉱の歴史を今に伝えている。

それらの施設では、いかに歴史を後世に伝えていくかという思想と姿勢を垣間見ることができる。そして、炭鉱博物館がコアになって、地域全体を史跡として残す発想が実現している。こうした海外の産業遺産が保存整備されていくことは特筆される。

日本でもトヨタ、イナックス、ミツカンなど大企業を擁する中京圏内には数多くの産業遺産があり、平成に入ってからいわゆるなりわい（生業）を紹介する博物館が建設された。国際化の進展・情報化社会の到来で、価値観の多様化が言われ始めた分、一般的な情報はネット上で検索すればよいし、バーチャルなものも見ることができるが、本物志向が強まり、実際の「もの」がみたい・知りたいという欲求が強くなってきたのである。これらを見ることが人生をより豊かなものにすると捉えられてきたのであろう。

そこには、理由がわからないけど感動したとか、それに気付く場所がある。それが匂いであったり、温度であったり、音であったりもするのだが、。これらのものを後世に残していくことは、わたしたち現代人の責務ともいえるのではないだろうか。本物が残っていることで、紙や画像といったものより実物の与える感動は桁違いに大きいし、そこにあるから「何だろう」と考え、調べるきっかけになる。

遺産を壊すことは簡単だが、二度とつくることはできないので、本質は何なのかをゆっくり考え、後世に伝えることが肝要ではないかと思う。「そこへ行けばホッとする。勇気付けられる。心が休まる。沈んでいた心が元気になる。」といった付加価値を加えることができれば、本当の意味での「遺産」に成り得るのである。

【伝承としての石炭産業遺産】

現代社会では、有形の文化財はある程度残されてきたが、無形文化財の継承も必要で、それぞれの地区の風俗（祭り、生活、制度、炭鉱の迷信等）や、文献調査などは行っていくべきものである。イギリスのアイアンブリッジやオランダのキンデルダイクでの屋外博物館では、土地の古老からの聞き取り調査を若手へ継承して成功しているが、こうした取り組みを伝承していくことが重要となる。民謡や労働歌といった無形の文化財にも受け継がれるべきものがあるが、これらを記憶を保存することも、ひとびとの歩み、生きてきた歴史を守る大切な作業である。

遺産の保存と活用については、個人のものとしてとらえるのではなく、「後世の人々のためにどうすることがベストなのか」を考える気持ちが大切となる。これらは、イベント中心でなく、文化的で継続的な独創的運動であることが望まれる。それは資料の収集・保存・公開といった学術活動とあいまって、最終的には、そこで炭鉱遺産に関わった人や文化の記録を伝承していくことが理想である。

最近、石炭産業遺産について、全国で遺産研究会や保存・活用する会等が作られてきている状況にある。日本の繁栄を語るとき、炭鉱の生産に使われた遺産の存在は大きなものがあるが、生活文化や民間伝承の歴史を、さまざまな視点から観察し正しく認識することは、地域を理解する上で重要と考えられる。

次代への継承を行うこれらの活動は、いままでは各地域ごとに行われてきた。しかし、二〇一〇年度、これらの石炭産業遺産を有する博物館のネットワーク化を図る交流が行われた。参加したのは、全国で石炭産業が最も盛んであった釧路市・夕張市・いわき市・田川市・志免町・大牟田市の博物館等である。これらの地域の博物館が中心となって、全国炭田交流展「炭鉱（ヤマ）のあるマチ」が開催され、それぞれの団体の共通理解や情報の共有をもたらしている。小さな力でしかなかった地域ごとの力が、全国の力として展開しようとしている。今後、全国各地の石炭産業遺産を結ぶネットワーク組織となり、今まで知り得なかった知識や問題解決を促すとともに、さらなる石炭産業遺産の資質の向上を図ることに繋がればよいと考える。

ただ、石炭産業遺産は、鉱害復旧事業や、強制労働、炭鉱事故、労使闘争などといった歴史を包括していることも考えておかなければいけない。時代の隆盛の光と衰退の影の部分がつきまとうが、そのことを踏まえて、石炭産業遺産を通じて社会の変遷を解明していくことが必要と考える。暗い側面を持った資料も少なくはないが、それも含めて日本の近代化に貢献した歴史の一部であり、伝承することが次代の繁栄の基礎となるものと思う。

【石炭産業遺産の研究】

個々の地区での研究会を紹介すると、北海道では、「北海道産業考古学会」という学会が学術的な研究をおこなっている。夕張に象徴される炭田地域が疲弊する問題がおこっているが、遺跡の保存・活用をおこなっている民間団体では、空知支庁も協力している「みかさ・炭鉱の記憶再生塾」などがあり、炭鉱ＯＢを交えた見学会などがおこなわれている。

釧路市立博物館や、夕張地域史資料研究調査室でも同様の動きが盛んだ。夕張市のように本物を壊し、歴史検証を疎かにし、リゾート化することによって本来の遺産の輝きが失われ、活用に失敗することもある。地道な研究の活動をすすめ、地域完結型の研究活動から、日本においての炭田史研究へとすすむことが重要で、釧路市雄別では一部のボランティアが少しずつ整備をし、遺産を残す活動をしている状況はすばらしい。(社)北海道産炭地域振興センター釧路産炭地域総合発展機構では、「くしろサンタン7」という活動も行われている。

また、空知支庁地域政策部産炭地振興部が、平成十~十二年度に「そらち・炭鉱の記憶発掘事業」がなされ、炭鉱遺産の現状調査と博物館化のプロジェクトが行われた。ビジュアルマップ、データベース票、調査報告書が出され、「コミュニティ・ミュージアム構想」が作成された。この総合的な炭鉱遺産調査が、今の保存活用に役立っている。

常磐地区では、歴史研究をおこなう「常磐炭田史研究会」と、産業観光を唱える「いわきヘリテージツーリズム」がコラボレートしながら遺跡の保存・活用をおこなっている。映画「フラガール」のヒットで、いわき市全体が産業観光の成功した地域として、時流に乗っている感がある。

また、山口地区では、宇部・美祢・山陽小野田産業観光推進協議会が（CSRツーリズム※）、産業観光バスツアーを行っており、石炭産業のツアーもある。

九州地区では、九州産業考古学会が学術的な研究を進めているが、田川市石炭・歴史博物館、大牟田市石炭産業科学館などが石炭の歴史を特徴的な展示で伝えると同時に、「九州・山口の近代化産業遺産群」として、平成二十年九月二十六日の文化庁世界文化遺産特別委員会で、ユネスコの世界遺産暫定一覧表に追加記載されたことにより、筑豊、大牟田での観光産業の動きが活発になってきた。そのなかで、長崎では「軍艦島を世界遺産にする会」や「軍艦島コンシェルジュ」などで商品化され、現地ガイドをしている。そのほか三池では、「大牟田・荒尾炭鉱のまちファンクラブ」がボランティアガイドを行っている。

学術活動では、平成十二〜二十年度に福岡県志免町による日本最大の石炭産業遺跡の調査が行われ「志免鉱業所遺跡調査報告書」が刊行された。その後、全国でも石炭産業遺産のデータベース作成等の調査が行われるようになってきている。将来は、炭鉱における政治・経済・社会・文化・教育等を総合的な視点でみつめ、歴史・立地・分布・構造などの遺構等を含めて研究し、記録し伝達していくことが、遺跡の価値をさらに高めていくと考えられる。

このように、石炭産業遺産のある場所で研究会等の活動がなされ、人類共通の文化遺産として記録保存していくことは大切なことである。石炭産業遺産のある地域が、その歴史的価値、文化的価値、社会的価値を結実させた場所として残っていってほしい。

※　CSRとは、corporate social responsibility の略で、企業の社会的責任を意味する。

全国の石炭産業遺産一覧

名称	所在地	竣工年	分類	構造	見学	備考	問合せ先
北海道							
曲淵炭鉱跡	北海道稚内市声問村	１９３９	土木	コンクリート構造物	外観	天北石炭鉱業(株)	稚内市役所 TEL：０１６２-２３-６１６１
築別炭鉱積込場	北海道苫前郡羽幌町築別炭鉱	１９４１	土木	コンクリート構造物	外観	太陽産業(株)から羽幌炭鉱(株)と改称。付近にはコンクリート製の煙突や施設が残る	羽幌町郷土資料館 TEL：０１６４-６２-４５１９
築別炭鉱集合住宅	北海道苫前郡羽幌町築別炭鉱	１９４１	建築	RC建築物	外観	病院跡	羽幌町郷土資料館
太陽小学校	北海道苫前郡羽幌町築別炭鉱	１９６７	建築	RC建築物	外観	１９４１年に開校し、現在の校舎は１９６７年に建てられたもので、翌１９７１年に閉校した	羽幌町郷土資料館
羽幌炭礦鉄道羽幌運搬竪坑	北海道苫前郡羽幌町羽幌鉱	１９６１	土木	鉄骨+RC構造物	外観	レールと鶴嘴をかたどった社章。ビルタワー型	羽幌町郷土資料館
羽幌本坑・炭鉱住宅	北海道苫前郡羽幌町羽幌鉱	１９４１	土木	コンクリート構造物	外観	消防署跡、火力発電所用煙突も残る	羽幌町郷土資料館
曙小学校	北海道苫前郡羽幌町曙	１９０６	建築	RC建築物	外観	１９６２年に開校した太陽高校(手定時制高校)の校舎だったが、１９７２年に北辰中学校を経て、１９７５年に曙小学校の校舎となる。１９９０年に閉校	羽幌町郷土資料館
クラウス15号蒸気機関車	北海道雨竜郡沼田町南1条	１８８９	機械		外観	日本に残る小型蒸気機関車の中では最も古い	沼田町教育委員会 TEL：０１６４-３５-２７２７
浅野雨竜炭鉱選炭場	北海道雨竜郡沼田町浅野	１９３０	土木	コンクリート構造物	外観	ホロピリ湖内	沼田町教育委員会
明治昭和鉱業所	北海道雨竜郡沼田町昭和	１９３０	土木	コンクリート構造物	×		沼田町教育委員会
太刀別炭鉱	北海道雨竜郡沼田町太刀別	１９６３	土木	コンクリート構造物	×		沼田町教育委員会
恵比島駅	北海道雨竜郡沼田町恵比島	１９１０	建築	木造	○	JR留萌線。通称「明日萌駅」	沼田町教育委員会
北炭天塩炭鉱選炭場	北海道留萌郡小平町達布	昭和初期	土木	コンクリート構造物	外観		小平町教育委員会社会教育課 TEL：０１６４-５６-２１１１
北海道人造石油(株)研究所棟	北海道滝川市泉町	１９３９	建築	RC構造物	外観		陸上自衛隊滝川駐屯地 TEL：０１２５-２２-２１４１

名称	所在地	竣工年	分類	構造	見学	備考	問合先
北海道人造石油(株)人石記念塔	北海道滝川市泉町	1962	モニュメント	コンクリート構造物	○	礎石にはシャモット煉瓦を使用	北海道空知支庁地域政策部地域政策課 TEL：0126-23-2231
住友赤平炭鉱竪坑櫓	北海道赤平市赤平	1963	土木	鉄骨造	外観		赤平市教育委員会教育部社会教育課 TEL：0125-32-2211
住友赤平炭鉱選炭工場跡	北海道赤平市赤平	1963頃	土木	鉄骨造	外観		赤平市教育委員会教育部社会教育課
北炭赤間炭鉱原炭ポケット	北海道赤平市赤平	1941	土木	RC構造物	外観		赤平市教育委員会教育部社会教育課
北炭赤間炭鉱ズリ山	北海道赤平市赤平	昭和初期	土木	廃棄物	○	ズリ山階段(ズリ山展望広場)777段	赤平市教育委員会教育部社会教育課
山田三郎邸	北海道赤平市大町	1953	建築	木造建築物	○	蕎麦屋「御殿倶楽部」となっている。通称「山田御殿」	赤平市教育委員会教育部社会教育課
住友赤平炭鉱排気竪坑	北海道歌志内市上歌	1927	土木	鉄骨造	外観		北海道空知支庁地域政策部地域政策課
上歌砿会館	北海道歌志内市上歌	1953	建築	RC構造物	外観	悲別ロマン座	歌志内市役所商工観光課 TEL：0125-42-2058
三井砂川炭鉱第一坑坑口	北海道歌志内市上歌	1948	土木	コンクリート構造物	外観		北海道空知支庁地域政策部地域政策課
空知炭鉱竪坑	北海道歌志内市東光	1960	土木	鉄骨造	外観	歌志内興産内。近くにズリ山が残る	北海道空知支庁地域政策部地域政策課
空知炭砿倶楽部	北海道歌志内市字本町	1897	土木	木造（本館：ハーフティンバーの西洋館、別館：数寄屋風和風建築）	外観		歌志内市郷土館ゆめつむぎ TEL：0125-43-2131
住友空知鉱業所神威坑変電所	北海道歌志内市字神威	1907頃	土木	RC+煉瓦の混構造物	外観		歌志内市郷土館ゆめつむぎ
神威史跡広場	北海道歌志内市字神威神楽岡	大正～昭和	モニュメント	石造	○	「御大禮記念碑」(大正4年11月)、「馬魂碑」(大正13年甲子年8月)「安全之塔」(昭和11年9月)の碑がある	歌志内市郷土館ゆめつむぎ
住友歌志内鉱密閉坑口	北海道歌志内市中村	1928頃	土木	コンクリート構造物	○	鉱泉源	北海道空知支庁地域政策部地域政策課
住友上歌志内鉱東斜坑坑口	北海道歌志内市中村	1928頃	土木	コンクリート構造物	外観		北海道空知支庁地域政策部地域政策課
三井砂川炭鉱中央竪坑	北海道空知郡上砂川町上砂川	1968	土木	鉄骨造	外観		北海道空知支庁地域政策部地域政策課
三井砂川炭鉱奥沢坑南坑坑口	北海道空知郡上砂川町上砂川	1918頃	土木	コンクリート構造物	外観	旧第二坑坑口。旧第二坑北坑第二斜坑坑口もある	北海道空知支庁地域政策部地域政策課
三井砂川炭鉱水力採炭機	北海道空知郡上砂川町上砂川	1964	機械	鉄製	○	かみすながわ炭鉱館(閉館)前	上砂川町役場 TEL：0125-62-2011

鉱夫像「敢斗像」	北海道空知郡上砂川町上砂川	1945	モニュメント	ブロンズ	○	同右。菅沼五郎作	上砂川町役場
上砂川駅	北海道空知郡上砂川町北1条	1926	建築	木造	○	悲別駅・近くに積込施設跡がある	上砂川町役場
芦別市立頼城小学校	北海道芦別市緑泉町	1954	建築	煉瓦建造物	外観	現星槎大学	北海道空知支庁地域政策部地域政策課
三井芦別炭鉱原炭ポケット	北海道芦別市西芦別町	1943頃	土木	RC構造物	外観		北海道空知支庁地域政策部地域政策課
三井芦別鉄道炭山川鉄橋	北海道芦別市西芦別町	1945	機械	富士重工製造	外観	1964年にディーゼル機関車、貨車を設置	北海道空知支庁地域政策部地域政策課
三池8トン有線電車	北海道芦別市本町	1953	機械	三井三池製作所	○	九州で造られた車両	北海道空知支庁地域政策部地域政策課
鉱夫像「新坑夫の像」	北海道芦別市頼城町東町	1997（1944年の複製）	モニュメント	石造	○	坑夫の像保存会が建立	北海道空知支庁地域政策部地域政策課
三菱美唄炭鉱竪坑櫓	北海道美唄市東美唄町一ノ沢	1923	土木	鉄骨造ドラム式竪坑櫓	外観	炭鉱メモリアル森林公園	美唄市地域経営室協働推進グループ TEL：0126-62-3137
三菱美唄炭鉱開閉所・原炭ポケット	北海道美唄市東美唄町一ノ沢	1925	建築・土木	RC建造物（R屋根）、RC構造物	外観	同右	美唄市地域経営室協働推進グループ
三菱美唄炭鉱坑口	北海道美唄市東美唄町一ノ沢	1925頃	土木	コンクリート構造物	外観	同右	美唄市地域経営室協働推進グループ
沼東中学校屋内体育館	北海道美唄市東美唄町我路の沢	1967	建築	木造+RC混構造物	外観	我路ファミリー公園	美唄市地域経営室協働推進グループ
沼東小学校	北海道美唄市東美唄町我路の沢	1959	建築	RC造3階建（円形構造）	×	1958年に建てられた珍しい円形校舎。当時は2つの円形校舎が廊下でつながっていた	美唄市地域経営室協働推進グループ
栄小学校	北海道美唄市落合町栄町	1950	建築	木造建築物	○	現アルテピアッツァ美唄	アルテピアッツァ美唄 TEL：0126-63-3137
三井美唄炭鉱第二坑選炭場	北海道美唄市盤の沢本町	昭和初期	土木	RC構造物	外観	原炭ポケット、選炭機土台、沈殿池も残る	美唄市水道課管理係 TEL：0126-62-3131
北菱産業埠頭美唄炭鉱	美唄市東美唄町鴻の台		土木	炭鉱システム	外観	現役露天掘り炭鉱	北菱産業埠頭(株)美唄支店 TEL：0126-63-3149
我路郵便局	北海道美唄市我路町3条	1930	建築	煉瓦建造物	○	我路簡易郵便局。近くに岡田春雄衆議院副議長生家が残る	美唄市役所東美唄出張所 TEL：0126-68-8249
美唄映画館	北海道美唄市落合町栄町	1960年代	建築	RC建造物	外観	2階建	美唄市地域経営室協働推進グループ

名称	所在地	竣工年	分類	構造	見学	備考	問合先
三菱鉱業美唄鉄道2号蒸気機関車	北海道美唄市東明5条	1919	機械	4110型十輪連結タンク機関車	◯	美唄鉄道東明駅舎（1948年）が残る	美唄市教育委員会教育部生涯学習課郷土資料館 TEL：0126-62-1110
三井美唄炭鉱事務所	北海道美唄市南美唄町南町	1933	建築	木造建築物	外観	隣に附属建物	美唄市地域経営室協働推進グループ
三井美唄炭鉱労働会館	北海道美唄市南美唄町南町	1938	建築	RC建造物	外観		美唄市地域経営室協働推進グループ
人民裁判事件記録画	北海道美唄市南美唄町	1950	資料	絵画	◯	三菱美唄美術サークル	美唄市教育委員会教育部生涯学習課郷土資料館
三井美唄互楽館	北海道美唄市南美唄町下18条	1955	建築	RC建造物	外観	3階建収容人員2000人	美唄市地域経営室協働推進グループ
三井美唄炭鉱所長住宅・職員住宅・鉱員住宅	北海道美唄市南美唄町上1条	昭和初期	建築	木造建築物	外観	所長住宅は1935年	美唄市地域経営室協働推進グループ
三井美唄炭鉱従業員寮（朝鮮人寮）	北海道美唄市南美唄町仲町	1933頃	建築	木造建築物	外観	現三井美唄幼稚園	美唄市地域経営室協働推進グループ
三井美唄炭鉱選炭場	北海道美唄市南美唄町下5条	1950代	土木	RC構造物	外観	道央自動車道の美唄ICに近いトンネルの出口付近	美唄市教育委員会教育部生涯学習課郷土資料館
月形炭鉱跡	北海道月形町中野	1960	土木	コンクリート構造物	×	坑口・選炭場跡	北海道空知支庁地域政策部地域政策課
北炭幾春別炭鉱錦坑口	北海道三笠市幾春別山手町	1920	土木	煉瓦建造物	◯	三笠市立博物館のサイクリングロードに明治期の狸掘跡もある	三笠市役所企画振興課 TEL：01267-2-3182
北炭幾春別炭鉱錦竪坑	北海道三笠市幾春別山手町	1920	土木	鉄骨造の櫓と、RC+煉瓦の混構造物である巻場	◯	同右	三笠市役所企画振興課
北炭幌内炭鉱入気竪坑櫓	北海道三笠市唐松青山町	1967	土木	鉄骨造	外観	同右	三笠市役所企画振興課
新幌内炭鉱（新三笠炭鉱）	北海道三笠市唐松緑町	1967	土木	コンクリート構造物	外観	煉瓦組の火薬倉庫や、本卸・連卸坑口・風胴坑口	三笠市役所企画振興課
北炭幾春別炭鉱資材倉庫	北海道三笠市幾春別錦町	1929	土木	コンクリート構造物	外観		三笠市役所企画振興課
北炭幌内炭鉱布引竪坑櫓跡	北海道三笠市幌内奔幌内町	1924	土木	コンクリート構造物	×	入気・排気坑跡、風洞トンネル	三笠市役所企画振興課
北炭幌内炭鉱布引竪坑変電所施設跡	北海道三笠市幌内奔幌内町	1924	建築	RC+煉瓦の混構造物	×		三笠市役所企画振興課
北炭幌内炭鉱本沢跡地	北海道三笠市幌内本沢町	大正〜昭和	土木	RC構造物	外観	常盤坑ベルト斜坑本卸・連卸坑口など	三笠市役所企画振興課

北炭幌内炭鉱変電所	北海道三笠市幌内本沢町	1920代	建築	RC+煉瓦の混構造物	外観	幌内神社跡（1880）がある	三笠市役所企画振興課
北炭幌内炭鉱音羽坑	北海道三笠市幌内本沢町	1879	土木	コンクリート構造物	外観		三笠市役所企画振興課
住友奔別炭鉱竪坑	北海道三笠市奔別町	1960	土木	鉄骨造+RC構造物	外観	炭鉱ケージ残り、選炭施設がある	北海道空知支庁地域政策部地域政策課
住友奔別炭鉱排気ブロアー建屋・施設群	北海道三笠市奔別旭町	1969	土木	RC構造物	外観	住友奔別炭鉱竪坑の上の地区	北海道空知支庁地域政策部地域政策課
住友奔別炭鉱殉職者之霊碑・顕徳碑	北海道三笠市奔別川端町	1940	土木	石造	外観	同右	北海道空知支庁地域政策部地域政策課
弥生地区炭鉱住宅	北海道三笠市弥生桃山町	1950頃	建築	木造建造物	外観	同右	三笠市役所企画振興課
住友奔別炭鉱弥生坑坑口	北海道三笠市弥生橘町	1905	土木	コンクリート構造物	外観	同右	北海道空知支庁地域政策部地域政策課
新夕張炭鉱橋立坑坑口	北海道三笠市弥生橘町	1927	土木	コンクリート構造物	外観		北海道空知支庁地域政策部地域政策課
空知集治監典獄煉瓦煙突	北海道三笠市本郷町	1890	土木	煉瓦建造物	○	市指定	三笠市教育委員会 TEL：01267-2-3591
北海道炭礦汽船鉄道（株）岩見沢工場	北海道岩見沢市有明町中央	1892	建築	煉瓦建造物	外観	JR北海道岩見沢レールセンター	北海道旅客鉄道（株）岩見沢レールセンター TEL：0126-23-4542
万字線鉄道公園（旧朝日駅）	北海道岩見沢市朝日町	1919	建築	木造建築物	○	B20−1蒸気機関車がある	岩見沢市教育委員会事務局 TEL：0126-23-4111
万字炭鉱選炭場跡・ズリ山	北海道岩見沢市栗沢町万字西原町	1961	土木	コンクリート構造物	○	万字炭山森林公園	岩見沢市教育委員会事務局
万字炭山神社	北海道岩見沢市栗沢町万字寿町	1908	建築	木造建築物	○	二代目英橋（1937年）の近くに新しい万字炭山神社がある	岩見沢市教育委員会事務局
北炭空知鉱業所神威坑口跡	北海道夕張市小松	1891	土木	コンクリート構造物	外観		歌志内市郷土館ゆめつむぎ
北炭夕張炭鉱第一鉱千歳坑	北海道夕張市錦	1890	土木	煉瓦構造物	外観		夕張・石炭の歴史村 TEL：01235-2-3417
北炭夕張炭鉱第一鉱丁未坑	北海道夕張市錦	1907頃	土木	コンクリート構造物	外観		夕張・石炭の歴史村
北炭夕張炭鉱北上坑	北海道夕張市錦	1891以降	土木	煉瓦構造物・コンクリート構造物	外観	6箇所	夕張・石炭の歴史村
北炭夕張炭鉱大新坑発電所	北海道夕張市小松	1913頃	建築	煉瓦建築物	×	本町地区商店街には映画の看板を作成	夕張・石炭の歴史村
北炭夕張炭鉱大新坑	北海道夕張市小松	1914頃	土木	コンクリート構造物	×	風動機、動力施設	夕張・石炭の歴史村

名称	所在地	竣工年	分類	構造	見学	備考	問合先
北炭鹿の谷倶楽部	北海道夕張市鹿の谷	1920	建築	木造平屋（敷地面積約85・000㎡延床面積約1・600㎡）	○	夕張鹿鳴館	夕張・石炭の歴史村
北炭北海道支店石炭分析室	北海道夕張市鹿の谷山の手町	1919頃	建築	RC+煉瓦の混構造物	外観	日本聖公会夕張教会堂がちかくにあり	夕張・石炭の歴史村
石炭大露頭「夕張二十四尺層」	北海道夕張市高松		土木	炭層	○	北海道指定天然記念物。夕張・石炭の歴史村	夕張・石炭の歴史村
北炭夕張炭鉱天龍坑	北海道夕張市高松	1900	土木	煉瓦構造物	外観	天龍坑と人車坑口が残る	夕張・石炭の歴史村
北炭夕張炭鉱石狩坑	北海道夕張市高松	1927以降	土木	コンクリート構造物	外観	4箇所。夕張・石炭の歴史村	夕張・石炭の歴史村
史跡夕張鉱	北海道夕張市高松	1939	土木	坑道	○	総坑道長186m。夕張・石炭の歴史村	夕張・石炭の歴史村
鉱夫像「進発の像」	北海道夕張市高松	1944	土木	コンクリート構造物	○	完成時「進発の像」と呼ばれたが、戦後は「採炭救坑夫像」と呼ばれた。国近くに夕張工業学校校舎（1920）の復元がある	夕張・石炭の歴史村
北炭夕張炭鉱専用鉄道高松跨線橋	北海道夕張市社光	1936	土木	RC構造物	○	夕張・石炭の歴史村。近くに1953年の夕張炭鉱総合ボイラー煙突がある。	夕張・石炭の歴史村
北炭夕張炭鉱高松ズリ捨て線	北海道夕張市社光	1950頃	土木	RC構造物	外観	ズリ山あり	夕張・石炭の歴史村
北炭新夕張炭鉱松島鉱坑口	北海道夕張市冷水	1927	土木	コンクリート構造物	×		夕張・石炭の歴史村
北炭新夕張炭鉱橋立鉱坑口	北海道夕張市冷水	1927	土木	コンクリート構造物	×		夕張・石炭の歴史村
北炭清水沢炭鉱事務所、繰込所安全燈室	北海道夕張市清水沢清栄町	1954	建築	RC構造物	外観	2棟	夕張市役所観光課 TEL：0123-52-3129
北炭清水沢火力発電所	北海道夕張市清水沢清栄町	1926	建築	RC構造物	外観	3階、全長125m、発電能力5万kw	夕張市役所観光課
末広地区墓地	北海道夕張市末広	明治期以降	モニュメント	石造	○	1914年の「丁未坑自坑夫遭難者一同之墓」、1930年の「神霊之碑」、1920年の「北上坑遭難者之碑」	夕張・石炭の歴史村
三菱大夕張鉄道・車輌	北海道夕張市南部東町	明治・大正	機械	鉄製	○	・客車スハニ6号（1913）・オハ1（1906）・ナハフ1 ・セキ1（1911）	三菱大夕張鉄道保存会事務局（石垣）TEL：0143-46-5615
三菱大夕張鉄道旭沢橋梁（第5号橋梁）	北海道夕張市鹿島	1928	土木	鉄骨造・トラスドガーダー	外観	延長70・4m近くに大夕張森林鉄道夕張岳線第一号橋梁（延長381・8m）あり	三菱大夕張鉄道保存会事務局
三菱南大夕張炭鉱購買店	北海道夕張市南部新光町	1930頃	建築	木造建築物	○	隣には三菱南大夕張炭鉱体育館（現夕張市役所南部市民体育館　）・三菱慰霊碑がある	三菱大夕張鉄道保存会事務局

北炭夕張新炭鉱坑口	北海道夕張市沼ノ沢	1973	土木	RC構造物	外観		夕張・石炭の歴史村
北炭夕張新炭鉱通洞坑	北海道夕張市清水沢青陵町	1973	土木	コンクリート構造物	外観	慰霊碑が残る	夕張・石炭の歴史村
北炭滝之上水力発電所	北海道夕張市滝ノ上	1924	建築	煉瓦建築物	外観		北海道企業局 TEL：011-231-4111
北炭楓鉱発電所	北海道夕張市楓	1913	建築	煉瓦建築物	外観	石炭積込場、楓炭山橋が残る	夕張市役所観光課
北炭真谷地炭鉱	北海道夕張市真谷地	1959	土木	RC構造物	外観	シックナーが残る	夕張市役所観光課
茅沼炭鉱ズリ山	北海道古宇郡泊村大字茅沼村	昭和	土木	廃棄物	外観	北海道最古の炭鉱	泊村役場企画振興課 TEL：0135-75-2021
旧手宮鉄道施設	北海道小樽市手宮1丁目	1908頃	土木・建築	機関車庫一号（煉瓦建築物、1908頃）、機関車庫三号（煉瓦建築物、1885）、危険品庫（石造、明治）、貯水槽（煉瓦+コンクリート建築物、大正）、転車台（鋼製大正8（1919））、擁壁（煉瓦建築物、明治末）	○	国重文。1911年の手宮高架桟橋跡（土手）も残る	小樽市総合博物館 TEL：0134-33-2523
7100形しづか号蒸気機関車	北海道小樽市手宮1丁目	1880	機械	鉄製	○	小樽市総合博物館内には、多くの鉄道車両がある。館の表にはブロンズのクロフォード像あり	小樽市総合博物館
明治本岐炭鉱	北海道釧路市中庶路	1924	土木	コンクリート構造物	外観		釧路市立博物館 TEL：0154-41-5809
明治庶路炭鉱	北海道釧路市西庶路	1938	土木	コンクリート構造物	×		釧路市立博物館
石炭岬	北海道白糠郡白糠町石炭岬	明治期	モニュメント	バス停	○		白糠町役場総務課 TEL：01547-2-2171
上茶路駅跡	北海道白糠郡白糠町上茶路	1964	建築	コンクリート構造物	外観		白糠町役場総務課
尺別炭砿	北海道釧路市音別町	1928	土木	コンクリート構造物	×	ベルト斜坑、雷管庫と火薬庫、転車台の跡などが残る。栄町に炭鉱住宅あり。	炭鉱と鉄道館「雄鶴駅」 TEL：01514-66-2121
尺浦隧道	北海道釧路市音別町・浦幌町	1939	土木	コンクリート構造物	外観	坑口扁額が残る	釧路市立博物館
浦幌炭砿	北海道十勝郡浦幌町留真	1918頃	建築	シャモット煉瓦	○	炭鉱跡地を整備した「みらいの森」。近くに炭鉱住宅あり	浦幌町役場まちづくり政策課 TEL：015-576-2111

名称	所在地	竣工年	分類	構造	見学	備考	問合先
雄別炭砿	北海道釧路市阿寒町上阿寒	1938	土木	コンクリート構造物	外観	ボイラー煙突やトロッコ台座、雄別鉄道跡がある	釧路市阿寒町行政センター TEL：0154・66・2121
雄別炭鉱病院	北海道釧路市阿寒町上阿寒	1968	土木	コンクリート構造物	×	近くに通洞坑口、浴場、クラブなどの諸施設が残る	釧路市阿寒町行政センター
太平洋炭礦春採坑	北海道釧路市興津5丁目	1970	土木	RC＋コンクリート構造物	×	釧路コールマイン（株）。現役坑内掘り炭鉱	釧路市立博物館
本州							
鉱夫像「古河好間鉱業所産業戦士像」	福島県いわき市好間町上好間	1944	モニュメント	コンクリート構造物	外観	近くの橋は「古河橋」。周辺は古河機械金属（株）となっている	常磐炭田史研究会事務局 TEL：0246・42・3155
古河好間鉱業所事務所	福島県いわき市好間町上好間	昭和初期	建築	木造建築物	外観	いわき興産（株）事務所	常磐炭田史研究会事務局
古河会館	福島県いわき市好間町上好間	1960	建築	木造建築物	×	古河機械金属（株）工場内	常磐炭田史研究会事務局
片寄平蔵頌徳碑・加藤作平の碑	福島県いわき市内郷白水町入山	1955・1900	モニュメント	石造	○	常磐炭田発見者と盤城炭鉱の祖	常磐炭田史研究会事務局
常磐炭礦内郷礦中央選炭工場	福島県いわき市内郷宮町金坂	1952	土木	RC構造物	×	常磐で最新・最大施設。常磐興産（株）所有	常磐炭田史研究会事務局
常磐炭礦内郷礦住吉一坑坑口	福島県いわき市内郷宮町金坂	1917	土木	石・コンクリート構造物	×	本卸・連卸	常磐炭田史研究会事務局
常磐炭礦内郷礦扇風機上屋	福島県いわき市内郷宮町金坂	1917	土木	煉瓦構造物	×		常磐炭田史研究会事務局
常磐炭礦内郷礦水中貯炭場	福島県いわき市内郷宮町金坂	1954	土木	RC構造物	外観	国内初の水中貯炭	常磐炭田史研究会事務局
常磐炭礦内郷礦相撲場	福島県いわき市内郷内町前田	1951	土木	コンクリート構造物	○	山神社跡がある	常磐炭田史研究会事務局
三星炭礦大煙突	福島県いわき市内郷白水町大神田	1909	土木	煉瓦構造物	外観	綴鉱の機関排気用	いわき市石炭・化石館 TEL：0246・42・3155
みろく沢炭鉱資料館	福島県いわき市内郷白水町広畑		資料	石炭関係資料	○	渡辺為雄氏私設の炭鉱資料館	常磐炭田史研究会事務局
常磐炭礦専用線通勤用気動車車庫	福島県いわき市内郷白水町大神田	1952	建築	木造建築物	外観	（株）常磐製作所内	常磐炭田史研究会事務局

入山採炭湯本坑坑口群	福島県いわき市常磐湯本町辰ノ口	1918	土木	コンクリート構造物	×	常磐開発(株)	いわき市石炭・化石館
入山採炭湯本五坑坑口・人道坑口	福島県いわき市常磐湯本町辰ノ口	1915	土木	コンクリート構造物	○		いわき市石炭・化石館
入山採炭湯本本坑六坑坑口	福島県いわき市常磐湯本町向田	1928	土木	コンクリート構造物	○	いわき市石炭・化石館	いわき市石炭・化石館
常磐炭礦西部坑竪坑櫓	福島県いわき市常磐湯本町向田	1971	土木	鉄骨造	○	組立復元。いわき市石炭・化石館	いわき市石炭・化石館
鉱夫像「総決起の像」	福島県いわき市常磐湯本町向田	1944	モニュメント	コンクリート構造物	○	いわき市石炭・化石館	いわき市石炭・化石館
三函座	福島県いわき市常磐湯本町三函	1926	建築	木造建築物	外観		常磐炭田史研究会事務局
常磐炭礦綴礦ズリ山	福島県いわき市内郷白水町大神田	1933以降	土木	廃棄物	外観		常磐炭田史研究会事務局
常磐炭礦磐崎礦長倉坑積込施設	福島県いわき市常磐上湯長谷町梅が平	1955	土木	コンクリート構造物	外観	ホッパー・ポケット	常磐炭田史研究会事務局
常磐炭礦磐崎礦選炭場	福島県いわき市常磐上湯長谷町梅が平	1935	土木	コンクリート構造物	外観	ホッパー・ズリ山	常磐炭田史研究会事務局
常磐炭礦磐崎礦	福島県いわき市常磐上湯長谷町梅が平	1935	土木	コンクリート構造物	外観	本卸・連卸坑口・施設	いわき市石炭・化石館
常磐炭礦小野田炭鉱住宅	福島県いわき市常磐上湯長谷町梅が平	明治以降	建築	木造建築物	外観	紙屋根(コールタール屋根)。石炭露頭あり	常磐炭田史研究会事務局
常磐炭礦茨城礦業所神ノ山礦石炭積込場	茨城県北茨城市関本町八反	1943	土木	RC構造物	外観	ズリ山があり、商店街跡あり	常磐炭田史研究会事務局
常磐炭礦茨城礦業所神ノ山礦住宅	茨城県北茨城市関本町富士ケ丘	1943	建築	木造建築物	外観	フラガールロケ地	常磐炭田史研究会事務局
重内炭礦石炭積込場	茨城県北茨城市磯原町大塚	1939	土木	コンクリート構造物	外観	炭鉱住宅が残る	常磐炭田史研究会事務局
常磐炭礦茨城礦業所倶楽部	茨城県北茨城市中郷町石岡	1943	建築	木造建築物	外観		常磐炭田史研究会事務局
常磐炭礦茨城事務所	茨城県北茨城市中郷町石岡	1943	建築	木造建築物	外観	常磐興産(株)。茨城礦業所跡記念碑、神ノ山鉱表札、中郷新坑銘板がある	常磐炭田中研究会事務局

名称	所在地	竣工年	分類	構造	見学	備考	問合先
常磐炭礦茨城礦業所六坑区世話所	茨城県北茨城市中郷町石岡	1943	建築	木造建築物	外観	近くに茨城礦業所炭住群と山神社あり	常磐炭田史研究会事務局
常磐炭礦茨城礦業所中郷礦選炭場・石炭積込場	茨城県北茨城市中郷町日棚	1943	土木	RC構造物	外観	ガーデンタウンからの眺めがよい	常磐炭田史研究会事務局
神永喜八墓所	茨城県北茨城市華川町	1910	モニュメント	石造	○	馬頭観音（1916）もある	北茨城市歴史民俗資料館・野口雨情記念館 TEL.0293-43-4160
常磐炭礦横川水力発電所	茨城県高萩市横川	1955	建築	RC建築物	外観		常磐炭田史研究会事務局
高萩炭鉱櫛形坑	茨城県日立市十王友部	1943	土木	コンクリート構造物	外観		常磐炭田史研究会事務局
東京炭鉱跡	東京都青梅市小曾木	1935	土木	採掘跡	外観	坑道、バス停が残る	青梅市教育委員会郷土博物館管理課 TEL.0428-22-1111
武蔵野炭鉱	埼玉県飯能市大字阿須	1944	土木	炭鉱システム	×	現役亜炭炭鉱	日豊鉱業（株）武蔵野炭鉱 TEL.042-972-7088
日吉炭鉱	岐阜県瑞浪市日吉町白倉	1965頃	土木	炭鉱システム	外観	現役亜炭炭鉱	瑞浪市役所 TEL.0572-68-2111
大明炭鉱本坑坑口・炭鉱事務所	山口県美祢市大嶺町	1947	土木、建築	コンクリート構造物、木造建築物	外観	大明炭鉱（株）。事務所は現横道会館	美祢市歴史民俗資料館 TEL.0837-53-0189
美祢炭坑荒川水平坑坑口及び煉瓦巻坑道	山口県美祢市大嶺町奥分	1905	土木	煉瓦＋コンクリート構造物	○	市指定。吉部鉱（株）。創栄グループ所有	美祢市歴史民俗資料館
美祢炭鉱石炭積込場	山口県美祢市大嶺町奥分	1905	土木	コンクリート構造物	○	吉部鉱（株）	美祢市歴史民俗資料館
藤浪坑坑口	山口県美祢市大嶺町奥分	1915	土木	コンクリート構造物	×	榎山炭礦（株）	美祢市歴史民俗資料館
山陽無煙鉱業所豊浦斜坑	山口県美祢市大嶺町豊田前町	1940	土木	コンクリート構造物	×		美祢市歴史民俗資料館
山陽無煙鉱業所材料斜坑坑口	山口県美祢市大嶺町奥分	1944	土木	RC構造物	×	宇部興産（株）山陽無煙鉱業所管理事務所あり	宇部興産（株）山陽無煙鉱業所管理事務所 TEL.0837-52-1313
山陽無煙鉱業所施設	山口県美祢市大嶺町奥分	1937	土木	RC構造物	×	宇部興産（株）。シックナー・原炭ポケット・巻上機室	宇部興産（株）山陽無煙鉱業所管理事務所
山陽無煙鉱業所美弥斜坑坑口	山口県美祢市大嶺町奥分	1940	土木	コンクリート構造物	×	同上	宇部興産（株）山陽無煙鉱業所管理事務所
大嶺駅跡	山口県美祢市大嶺町奥分	1905	モニュメント	煉瓦＋コンクリート構造物	○	宇部興産（株）	美祢市歴史民俗資料館
長生炭坑排気竪坑	山口県宇部市西岐波沖合1km	1933	土木	コンクリート構造物	外観	ピーヤーと言われている	宇部市教育委員会文化振興課 TEL.0836-34-8616

東見初炭鉱竪坑櫓	山口県宇部市則貞	1908	土木	鉄骨造	○	ときわ公園の宇部市石炭記念館（移設物）	宇部市常盤遊園協会 TEL：0836-21-3541
鉱夫像「坑夫」	山口県宇部市則貞	1907	モニュメント	ブロンズ	○	ときわ公園。宇部炭田発祥の地記念像（荻原守衛作）	宇部市常盤遊園協会
宇部市渡辺翁記念会館	山口県宇部市朝日町	1937	建築	RC構造物	○	国重文。入り口両側には、人造石に鉱夫が彫られる。渡辺翁記念公園には朝倉文夫作の渡邊祐策翁像がある	宇部市教育委員会文化振興課
沖ノ山電車竪坑石垣（竪坑）	山口県宇部市大字小串	1925	土木	鉄骨造	外観	国登録	宇部市教育委員会文化振興課
第二雀田炭鉱斜坑坑口	山口県宇部市妻崎	明治期	土木	煉瓦構造物	×		美祢市歴史民俗資料館
西沖ノ山炭鉱桟橋	山口県山陽小野田市小野田	1939	土木	RC構造物	外観		山陽小野田市教育委員会社会教育課 TEL：0836-82-1203
本山炭鉱斜坑坑口	山口県山陽小野田市本山	1941	土木	コンクリート構造物	外観	市指定	山陽小野田市教育委員会社会教育課

九州・沖縄

門司港駅	福岡県北九州市門司区西海岸	1891	建築	木造建築物	○	国重文。門司港レトロ地区	北九州市教育委員会文化財課 TEL：093-582-2389
若松石炭商同業組合事務所	福岡県北九州市若松区	1905	建築	木造建築物	○	（株）石炭会館・パン製造「三日月屋」	北九州市教育委員会文化財課
旧古河鉱業若松ビル	福岡県北九州市若松区	1919	建築	煉瓦建築物	○	国登録。古河鉱業（株）若松支店	北九州市教育委員会文化財課
若松港石垣岸壁	福岡県北九州市若松区	1892	土木	石護岸	○	近くに港銭収入所見張所あり。1904建築の復元をしたごんぞう小屋あり	北九州市教育委員会文化財課
旧松本家住宅	福岡県北九州市戸畑区	1912	建築	木造建築物	○	国重文。松本健次郎邸の日本館・洋館・蔵である。後に西日本工業倶楽部として使用	（社）西日本工業倶楽部 TEL：093-871-1031
旧明治専門学校標本資料室	福岡県北九州市戸畑区	1927	建築	RC建築物	○	九州工業大学学生支援プラザ（2階は大学歴史資料室）。1909年の正門、明治専門学校表門衛所や、機械群がある	（国）九州工業大学 TEL：093 884-3000
川ひらた（艜）	福岡県北九州市八幡西区 福岡県遠賀郡芦屋町中ノ浜	明治時代以降	建造物	木製船	○連絡	県指定。石炭輸送用。芦屋町中央公民館にも同県指定文化財がある	福岡県立折尾高等学校 TEL：093-691-3561 芦屋町教育委員会文化財係 TEL：093-223-0881
堀川	福岡県北九州市八幡西区・中間市・遠賀郡水巻町	江戸時代以降	土木	用水路	○	中間唐戸（1763年・県指定）・寿命唐戸（1804年・市指定）が残る	北九州市教育委員会文化財課
折尾駅	福岡県北九州市八幡西区堀川町	1916	建築	木造建築物	○		北九州市教育委員会文化財課

名称	所在地	竣工年	分類	構造	見学	備考	問合先
福岡藩焚石會所跡碑	福岡県遠賀郡芦屋町西浜町	１８３８	モニュメント	石造	○		芦屋町教育委員会文化財係
鉱夫像「躍進」	福岡県遠賀郡水巻町古賀３丁目	１９４０代前半	モニュメント	コンクリート構造物	○	町指定。炭鉱就労者の像	水巻町歴史資料館 TEL：０９３-２０１-０９９９
十字架の塔	福岡県遠賀郡水巻町古賀３丁目	１９４５	建築	コンクリート構造物	○	町指定。オランダ兵捕虜の労働者慰霊碑	水巻町歴史資料館
日鉄二瀬炭礦本事務所跡	福岡県遠賀郡水巻町頃末北４丁目	昭和初期	建築	コンクリート構造物	外観	建物は取り壊され、正門のみ	水巻町歴史資料館
中鶴炭鉱偲郷碑	福岡県中間市蓮花寺	１９８１	モニュメント	石造	○	坑口扁額が残る	中間市歴史民俗資料館 TEL：０９３-２４５-４６６５
三菱鞍手炭鉱巻揚機台座	福岡県鞍手郡鞍手町古門	１９３４	土木	コンクリート構造物	外観	近くにコールタール屋根の炭鉱住宅がある	鞍手町歴史民俗資料館 TEL：０９４９-４２-７２００
三菱新入炭鉱第六坑	福岡県鞍手郡鞍手町中山	１９１９頃	土木	RC構造物	外観		鞍手町歴史民俗資料館
泉水炭鉱坑口	福岡県鞍手郡鞍手町新延	１９０６	土木	コンクリート+煉瓦構造物	外観	大正鉱業（株）	鞍手町歴史民俗資料館
日満鉱業新目尾炭鉱坑口	福岡県鞍手郡鞍手町永谷	１９３５頃	土木	コンクリート構造物	×	真教寺上、３箇所残る	鞍手町歴史民俗資料館
三菱方城炭鉱坑務工作室	福岡県田川郡福智町伊方	１９０４	建築	煉瓦構造物	外観	国登録。九州日立マクセル赤煉瓦記念館	福智町教育委員会生涯学習係 TEL：０９４７-２８-２０４６
三菱方城炭鉱	福岡県田川郡福智町伊方	１９０４頃	建築	煉瓦構造物	×	現九州日立マクセル倉庫。機械工作室・圧気室・浴場	福智町教育委員会生涯学習係
明治豊国炭鉱	福岡県田川郡糸田町	昭和初期	土木	コンクリート構造物	外観	煙突状。大熊炭鉱三尺坑口	糸田町教育委員会社会教育係 TEL：０９４７-２６-１２３１
筑豊石炭鉱業組合会議所	福岡県直方市大字直方	１９１０	建築	木造建築物	○	市指定。直方市石炭記念館本館。トレーゲル式救命機などの救護隊関係資料がある	直方市石炭記念館 TEL：０９４９-２５-２２４３
救護隊練習坑道	福岡県直方市大字直方	１９１２	土木	コンクリート・鉱滓煉瓦構造物	外観	直方市石炭記念館	直方市石炭記念館
鉱夫像「焚石に挑む」	福岡県直方市大字直方	１９７１	モニュメント	ブロンズ	○	同右	直方市石炭記念館
三菱鯰田炭礦電気機関車	福岡県直方市大字直方	明治期	機械	輸入	○	同上。１９２５年のコッペル社製の貝島炭礦32号蒸気機関車もある	直方市石炭記念館
円徳寺仏壇	福岡県直方市古町	１９０９	建築	木造建築物	○	貝島家再建。伊藤平左衛門建築。百合野（ゆりの）に同寺の同様の煌びやかな仏壇がある	直方市石炭記念館

堀三太郎邸	福岡県直方市新町	1898	建築	木造建築物	○	直方歳時館。1998解体新築	直方歳時館 TEL：0949-25-2008
鉱夫像「炭掘る戦士の像」	福岡県直方市溝堀	1954	モニュメント	ブロンズ	○		直方市石炭記念館
筑豊鉱山學校	福岡県方市頓野	1919	資料	炭鉱関係資料	○	現福岡県立筑豊高等学校。資料室併設	福岡県立筑豊高等学校 TEL：0949 26-0324
貝島大之浦炭鉱第六坑	福岡県宮若市長井鶴	昭和初期	土木	煉瓦+コンクリート構造物	外観	裏手の記念碑には「貝島大之浦第六礦」「満之浦炭礦」と彫ってある	宮若市石炭記念館 TEL：0949-32-0404
貝島大之浦炭鉱病院跡	福岡県宮若市長井鶴	昭和初期	土木	珪化木	外観	石垣に珪化木を使用している	宮若市石炭記念館
貝島六太郎邸	福岡県宮若市龍徳	1915	建築	木造建造物	外観	百合野山荘	宮若市石炭記念館
旧貝島小学校	福岡県宮若市上大隈	1952	建築	RC建築物	○	宮若市石炭記念館。貝島私学発祥の地（1888）の石碑	宮若市石炭記念館
貝島炭鉱露天掘跡	福岡県宮若市上大隈	昭和期	土木	採掘跡	外観		宮若市石炭記念館
貝島炭礦22号蒸気機関車	福岡県宮若市上大隈	1919	機械	アメリカンロコモーティブ社製	○	市指定。宮若市石炭記念館	宮若市石炭記念館
鉱夫像「復権の塔」	福岡県宮若市千石	1982	土木	ブロンズ	○	炭鉱犠牲者の復権の塔で、千石公園にある。資料館に原形の像あり	宮若市石炭記念館
旧明治鉱業赤池事務所	福岡県飯塚市勢田	1902	建築	木造建造物	外観		福智町教育委員会生涯学習係
明治赤池炭鉱跡	福岡県飯塚市勢田	大正	土木	コンクリート構造物	外観	近くに山神社跡、炭鉱住宅あり	福智町教育委員会生涯学習係
仁保炭鉱大門坑施設群	飯塚市大門	1956	土木	コンクリート構造物	○	坑口2、巻上機台座、選炭施設	NPO法人サカエ会 TEL：0948-42-8031
嘉穂劇場	福岡県飯塚市飯塚	1931	建築	木造建造物	○	国登録	嘉穂劇場 TEL：0948-22-0266
伊藤伝右衛門邸	福岡県飯塚市大字幸袋	1897頃	建築	木造建造物	○	市指定。蔵・事務所等ある。庭園は国名勝。	飯塚市歴史資料館 TEL：0948-25-2930
麻生太右衛門邸	福岡県飯塚市立岩	大正末	建築	木造建造物	× 開放時期あり	麻生大浦荘	飯塚市歴史資料館
麻生太郎邸	福岡県飯塚市大字柏の森	1909	建築	木造建造物	×	麻生本家住宅	飯塚市歴史資料館
住友忠隈炭鉱第四坑巻上機台座	福岡県飯塚市忠隈	大正	土木	煉瓦建造物	○		飯塚市歴史資料館
住友忠隈炭鉱体育館	福岡県飯塚市忠隈	1939	建築	木造建造物	外観	穂波幼稚園遊戯室	飯塚市歴史資料館

名称	所在地	竣工年	分類	構造	見学	備考	問合先
住友忠隈炭鉱ボタ山	福岡県飯塚市忠隈	1931～	土木	廃棄物	外観		飯塚市歴史資料館
三菱飯塚炭鉱巻上機台座（一坑本卸・右卸基礎）	福岡県飯塚市平恒	大正	土木	煉瓦建造物	○	市指定。煉瓦造・ケーブル支柱が裏手に残る	飯塚市歴史資料館
三菱飯塚炭鉱石炭積込関連施設	福岡県飯塚市平恒	昭和期	土木	コンクリート構造物	外観	築堤・ホッパー跡	飯塚市歴史資料館
日鉄鉱業二瀬鉱業所中央坑跡（本部門）	福岡県飯塚市枝国長浦	1910	建築	煉瓦+コンクリート構造物	○		飯塚市歴史資料館
馬頭観音	福岡県飯塚市筑穂元吉	昭和初期	モニュメント	石造	×	市指定。嘉麻市平にも1919年造のものがある	飯塚市歴史資料館
日鉄嘉穂炭鉱跡	福岡県飯塚市大分	昭和初期	土木	石垣	外観	（株）嘉穂製作所。「大分坑」バス停あり	飯塚市歴史資料館
小鳥塚	福岡県飯塚市上三緒	1981	建築	石造	○	上三緒炭鉱排気坑口跡が隣にある	飯塚市歴史資料館
麻生綱分炭鉱巻上機台座	福岡県飯塚市庄内	昭和初期	土木	RC構造物	外観		飯塚市歴史資料館
古河鉱業下山田炭鉱病院	福岡県嘉麻市下山田	昭和初期	建築	木造建造物	外観	古河機械金属筑豊事務所。古河鉱業下山田炭鉱排気坑などが残	嘉麻市生涯学習課 TEL：0948・57・3176
三井山野鉱業所小舟鉱尺無坑本卸	福岡県嘉麻市平	大正期	土木	コンクリート構造物	外観		嘉麻市生涯学習課
三井山野鉱業所第一坑漆生炭鉱	福岡県嘉麻市稲築町漆生	昭和初期	土木	コンクリート構造物	外観	第一坑変電所（大正期）や坑口跡が残る	嘉麻市生涯学習課
三井山野鉱業所葉月坑排気坑口	福岡県嘉麻市稲築町漆生	1944	土木	コンクリート構造物	外観		嘉麻市生涯学習課
三井山野鉱業所本事務所	福岡県嘉麻市鴨生平	昭和初期	建築	木造建造物	×	第一竪坑前	嘉麻市生涯学習課
三井山野鉱業所	福岡県嘉麻市鴨生平	昭和初期	建築・土木	木造建造物	×	第二竪坑付近（風呂場・揚水場などがある）	嘉麻市生涯学習課
三井山野鉱業学校練習坑道	福岡県嘉麻市鴨生平	1960	土木	コンクリート構造物	○	稲築町制40周年記念公園内、慰霊碑もある	嘉麻市生涯学習課
麻生吉隈共同浴場	福岡県桂川町吉隈	昭和初期	建築	木造建造物	○	現ASO弥栄店	王塚装飾古墳館 TEL：0948・65・2900
三井田川炭鉱伊田坑第一・第二煙突	福岡県田川市伊田	1908	土木	煉瓦煙突（2本）	○	国登録。約45m	田川市石炭・歴史博物館 TEL：0947・44・5745
三井田川炭鉱伊田坑第一竪坑櫓	福岡県田川市伊田	1909	土木	鋼立体トラス	○	国登録。約23m	田川市石炭・歴史博物館
鉱夫像「炭坑夫之像」	福岡県田川市伊田	1982	モニュメント	石造	○	公園内に「炭坑節発祥の地」「炭坑節の碑」「韓国人徴用犠牲者慰霊之碑」（1988）「田川地区炭鉱殉難者慰霊の碑」（1989）や、中国人強制連行殉職者の碑である「鎮魂の碑」（2002）もある。	田川市石炭・歴史博物館
三井田川炭鉱伊加利坑煙突	福岡県田川市大字伊加利	昭和期	土木	コンクリート構造物	外観	近くに伊加利坑門番所あり	田川市石炭・歴史博物館

三井山野鉱業所1号電気機関車	福岡県田川市伊田	1950	機械	三井石炭鉱業(株)製	○	田川市石炭・歴史博物館。ほかに古河鉱業大峰炭鉱坑内用ディーゼル機関車(1956・日立製作所製)・ケーブルリール式電気機関車(1950)・圧縮空気機関車(1959)・炭鉱坑内用電気機関車(1950)などがある	田川市石炭・歴史博物館
山本作兵衛炭鉱記録絵画	福岡県田川市伊田	1906〜1955	資料	絵画	一部展示	県指定。田川市石炭・歴史博物館、田川市美術館蔵。国連教育科学文化機関の「メモリー・オブ・ザ・ワールド(世界記憶遺産)」に登録	田川市石炭・歴史博物館
三井田川炭鉱六坑ボタ山	福岡県田川市夏吉	1945〜	土木	廃棄物	外観		田川市石炭・歴史博物館
豊州炭鉱二尺坑坑口	福岡県田川郡川崎町三ヶ瀬	1941	土木	コンクリート構造物	×	排気坑口。上尊鉱業(株)	川崎町役場社会教育課 TEL:0947-72-3000
衛藤炭鉱坑口	福岡県田川郡川崎町池尻	昭和初期	土木	コンクリート構造物	外観		川崎町役場社会教育課
東豊炭鉱坑口	福岡県田川郡川崎町川崎	大正	土木	コンクリート構造物	外観	同和産業(株)	川崎町役場社会教育課
古河大峰炭鉱施設	福岡県田川郡大任町・川崎町	昭和初期	土木	コンクリート構造物・煉瓦構造物	外観	選炭場・坑道	ふるさと館おおとう TEL:0947-41-2055
蔵内峰地三坑巻上機台座	福岡県田川郡添田町庄	明治期	土木	煉瓦構造物	外観		添田町教育委員会生涯学習係 TEL:0947-82-5964
蔵内鉱業峰地変電所	福岡県田川郡添田町庄	1902	建築	煉瓦建造物	外観	お食事処天草	添田町教育委員会生涯学習係
日吉炭鉱巻揚上台座、施設跡、倉庫	福岡県嘉麻市稲築才田	大正期	土木	コンクリート構造物	×(一部外観)	共同石炭鉱業(株)	嘉麻市生涯学習課
蔵内次郎作・保房邸	福岡県築上郡築上町大字上深野	1887	建築	木造建築物	○	国登録	会席茶寮深翠居 TEL:0930-52-3008
寶珠山炭鉱第一坑坑口	福岡県朝倉郡東峰村大字福井	1916	土木	石造、コンクリート構造物	○	近くに第三坑坑口・石炭搬送施設跡がある	山村文化交流の郷いぶき館 TEL:0946-72-2232
寶珠山炭鉱倶楽部	福岡県朝倉郡東峰村大字福井	1933	建築	木造建造物	○	現山村文化交流の郷いぶき館	山村文化交流の郷いぶき館
宗像炭鉱	福岡県宗像市平井	昭和初期	土木	コンクリート構造物	×		九州産業考古学会事務局(砂場) TEL:0940-36-5501
九州大学附属図書館記録資料館産業経済資料部門	福岡県福岡市東区		資料	石炭関係資料・図書	○	炭鉱札資料あり	九州大学附属図書館記録資料館産業経済資料部門 TEL:092-642-2509

名称	所在地	竣工年	分類	構造	見学	備考	問合先
西戸崎炭鉱跡	福岡県福岡市東区	昭和	モニュメント	石造	○連絡必要	西戸崎シーサイドカントリークラブ。西戸崎炭礦石碑が残る	九州産業考古学会事務局（砂場）
貝島健次別邸	福岡県福岡市城南区	１９３６	建築	木造建造物	○	友泉亭公園。市名勝。	福岡市緑化推進課 TEL：０９２-７１１-４４２４
貝島嘉蔵本邸	福岡県福岡市南区	１９１５	建築	木造建造物	×		福岡市緑化推進課
麻生山田炭鉱索道鉄柱	福岡県福岡市東区	１９４８	土木	鉄骨造	外観		福岡市教育委員会文化財整備課 TEL：０９２-７１１-４７８３
麻生山田炭鉱施設	福岡県糟屋郡久山町大字山田	１９４８	土木	コンクリート構造物	外観	貯炭場・ホッパー・ボタ山跡	久山町教育委員会社会教育課 TEL：０９２-９７６-１１１１
志免鉱業所第八坑扇風機坑口プロペラ	福岡県糟屋郡志免町東公園台	１９４０	機械	木製プロペラ	○連絡必要	志免町産業遺産収蔵庫に志免鉱業所遺跡の遺物としてある	志免町教育委員会社会教育課 TEL：０９２-９３５-７１００
旧志免鉱業所竪坑櫓	福岡県糟屋郡志免町大字志免	１９４３	土木	RC構造物	外観	国重文	志免町教育委員会社会教育課
志免鉱業所跡竪坑及び第八坑関連地区	福岡県糟屋郡志免町大字志免	大正～昭和	土木	コンクリート構造物	外観	県史跡。国鉄志免鉱業所記念碑（須恵町大字旅石）、ボタ山などが近くにある	志免町教育委員会社会教育課
海軍炭鉱創業記念碑	福岡県糟屋郡須恵町大字新原	１９３８	モニュメント	石造	○	第三坑坑口枠・萩尾善次郎像・山神社等がある。須恵町大字旅石には旧本部跡に建つ「国鉄志免鉱業所記念碑」がある	須恵町立歴史民俗資料館 TEL：０９２-９３２-６３１２
三菱勝田炭鉱石炭積込場	福岡県糟屋郡宇美町大字宇美	昭和	土木	コンクリート構造物	外観		志免町教育委員会社会教育課
仲原炭鉱竪坑巻上機台座	福岡県糟屋郡粕屋町花ヶ浦	１８９０頃	土木	煉瓦建造物	○		粕屋町歴史資料館 TEL：０９２-９３９-２９８４
明治高田鉱業所跡	福岡県糟屋郡篠栗町津波黒	明治初期	土木	採掘跡	×	九州大学演習林に津波黒炭鉱狸掘り	篠栗町歴史民俗資料室 TEL：０９２-９４７-１７９０
有明鉱第一・第二竪坑櫓	福岡県みやま市高田町昭和開	１９６７	土木	第一は鉄骨造台形、第二は鉄骨造Z形	外観	日鉄鉱業（株）	みやま市教育委員会生涯学習課 TEL：０９４４-６４-２１６５
三池炭鉱三川坑	福岡県大牟田市西港町	１９４０	土木	コンクリート構造物	×	正門のみ見学可	大牟田市石炭産業科学館 TEL：０９４４-５３-２３７７
旧三井港倶楽部	福岡県大牟田市西港町	１９０８	建築	木造建造物	○	市指定。大浦坑顕彰碑がある	大牟田市石炭産業科学館
三池港港口閘門、補助水堰	福岡県大牟田市新港町	１９０８	土木	煉瓦閘門	外観	クレーン船大金剛丸がある	大牟田市石炭産業科学館

旧長崎税関三井支署	福岡県大牟田市新港町	1908	建築	木造建造物	○	三井鉱山㈱建築。2012年に復原	大牟田市石炭産業科学館
三池炭鉱三川電鉄変電所	福岡県大牟田市新港町	1907	建築	煉瓦建造物	外観	国登録。サンデン本社屋	大牟田市石炭産業科学館
大金剛丸	福岡県大牟田市新港町	1905	機械	石炭船積船	外観		大牟田市石炭産業科学館
三池炭鉱七浦坑第一坑巻場	福岡県大牟田市合成町	1883	土木	煉瓦建造物	外観		大牟田市石炭産業科学館
旧三池炭鉱宮浦坑煙突	福岡県大牟田市西宮浦町	1888	土木	煉瓦煙突	○	国登録。宮浦坑・機械類がある	大牟田市石炭産業科学館
三井石炭鉱業株式会社三池炭鉱宮原坑施設（第二竪坑巻揚機室）	福岡県大牟田市宮原町	1901	土木	鋼立体トラス、煉瓦建造物	外観	国重文。竪坑櫓附属・	大牟田市石炭産業科学館
三池炭鉱勝立鉱第二竪坑跡	福岡県大牟田市新勝立町	1898	土木	煉瓦・コンクリート建造物	外観		大牟田市石炭産業科学館
旧三池集治監外塀及び石垣	福岡県大牟田市上官町	1883	土木	煉瓦	外観	県指定。三池工業高等学校内に遺構あり	大牟田市石炭産業科学館
三川鑛大災害殉職者慰霊碑	福岡県大牟田市昭和町	1964	モニュメント	コンクリート構造物	○	延命公園。全日本労働総同盟組合会議・三池炭鉱新労働組合・三池炭鉱職員労働組合の有志が建立	大牟田市石炭産業科学館
鉱夫像「三池炭鉱夫像」	福岡県大牟田市昭和町	昭和	モニュメント	コンクリート構造物	○	延命公園	大牟田市石炭産業科学館
三池炭鉱専用鉄道車両	福岡県大牟田市昭和町		機械	電気機関車	×	米国ゼネラルエレクトリック社製5号機（明治41年）、独国シーメンス社製1号機（明治44年）、三菱造船所製9号機（大正4年）、芝浦製作所製18号機（昭和12年）、三池製作所製第1号機の電気機関車が保存	大牟田市石炭産業科学館
初島通気坑	福岡県大牟田市沖合2km	1951	土木	直径約120m	外観	第一人工島	大牟田市石炭産業科学館
三池島通気坑	福岡県大牟田市沖合6km	1970	土木	直径約90m	外観	第二人工島	大牟田市石炭産業科学館
旧高取家住宅（高取伊好邸居室棟・大広間棟）	佐賀県唐津市北城内5	1904	建築	木造建造物	○	国重文	唐津市教育委員会文化課 TEL：0955-72-9171 旧高取邸 TEL：0955-75-0289
旧三菱合資会社唐津支店本館	佐賀県唐津市海岸通り	1908	建築	木造建造物	外観	県指定	唐津市教育委員会文化課
三菱相知炭鉱	佐賀県唐津市相知町	明治期	土木	採掘跡	外観		唐津市教育委員会文化課
三菱芳谷炭鉱第三坑坑口	佐賀県唐津市北波多岸山	大正	土木	煉瓦・コンクリート構造物	外観	近くの山に巻上機台座がある	唐津市教育委員会文化課
杵島炭鉱大鶴鉱業所第二坑坑口	佐賀県唐津市肥前町入野	1936	土木	コンクリート構造物	○	国登録。近くに「にあんちゃんの里」記念碑や、軌道橋がある	唐津市教育委員会文化課
向山炭鉱積込桟橋	佐賀県伊万里市山代町立岩	昭和	土木	鉄骨・RC構造物	外観		伊万里市教育委員会生涯学習課 TEL：0955-23-3186

名称	所在地	竣工年	分類	構造	見学	備考	問合先
明治佐賀炭鉱積込場	佐賀県多久市多久町	昭和	土木	RC構造物	外観		多久市教育委員会生涯学習課 TEL：０９５２-７５-２１１６
三菱古賀山炭鉱竪坑	佐賀県多久市東多久町大字別府	１９１９頃	土木	RC構造物	外観		多久市教育委員会生涯学習課
三菱古賀山炭鉱積込場	佐賀県多久市北多久町大字小侍	昭和	土木	RC構造物	外観	近くに石炭露頭が残る	多久市教育委員会生涯学習課
中島鉱業杵島炭鉱変電所	佐賀県杵島郡大町町福母	１９０９	建築	煉瓦建造物	○	大町煉瓦館	大町町教育委員会生涯学習係 TEL：０９５２-８２-２１７７
中島鉱業杵島炭鉱関連施設	佐賀県杵島郡大町町福母	昭和初期	土木	RC構造物	外観	トロッコ道支柱・鉱石運搬道支柱跡	大町町教育委員会生涯学習係
国見炭鉱積込場	佐賀県西松浦郡有田町二ノ瀬	昭和	土木	RC構造物	外観		有田町歴史民俗資料館東館 TEL：０９５５-４３-２６７８
中興鉱業鯛之鼻炭鉱跡	長崎県松浦市福島町鯛之鼻	昭和	土木	RC構造物	外観		松浦市教育委員会生涯学習課文化財室 TEL：０９５６-７２-１１１１
徳義炭鉱積込桟橋	長崎県松浦市今福町浅谷免	１９４４	土木	RC構造物	外観		松浦市教育委員会生涯学習課文化財室
昭和炭業飛島坑	長崎県松浦市今福町飛島免	昭和	土木	RC構造物	外観	積込施設とボタ山	松浦市教育委員会生涯学習課文化財室
中興鉱業大平坑	長崎県松浦市調川町上免	昭和	土木	RC構造物	外観		松浦市教育委員会生涯学習課文化財室
中興鉱業江口坑巻上機台座	長崎県松浦市調川町上免	昭和	土木	煉瓦・RC構造物	外観	台座上に家が建つ	松浦市教育委員会生涯学習課文化財室
新志佐炭鉱	長崎県松浦市志佐町栢木免	昭和	土木	RC構造物	外観		松浦市教育委員会生涯学習課文化財室
栢木炭鉱	長崎県松浦市志佐町栢木免	昭和	土木	RC構造物	外観		松浦市教育委員会生涯学習課文化財室
松浦炭坑事務所	長崎県佐世保市世知原町	１９１２	建築	石積建造物	○	県指定。佐世保市世知原炭鉱資料館。隣に松浦炭坑三坑坑口あり	佐世保市教育委員会社会教育課 TEL：０９５６-２４-１１１１
松浦炭坑ボタ山	長崎県佐世保市世知原町栗迎	１９１２	土木	廃棄物	○	健康公園５５５階段	佐世保市教育委員会社会教育課
日鉄神田炭鉱	長崎県佐世保市佐々町神田免	１９３８	建築	煉瓦構造物、RC構造物	外観	排気坑跡と変電所跡	佐世保市教育委員会社会教育課

大平炭鉱跡	長崎県佐世保市小佐々町西川内	1920頃	モニュメント	石碑	○	小佐々町指定文化財の西川内橋（大正9年）となりにコンクリート柱がある	佐世保市教育委員会社会教育課
矢岳炭鉱	長崎県佐世保市小佐々町楠泊	1945	土木	コンクリート構造物	外観	ホッパーほか	西海市教育委員会社会教育課 TEL：0959-37-0079
松島炭鉱大島鉱業所事務所・積出港	長崎県西海市大島町中央地区	1935	土木	木造・石造建造物	外観	大山祇神社を越える人道坑口も残る	西海市教育委員会社会教育課
松島炭鉱大島鉱業所社宅	長崎県西海市大島町中央地区	昭和初期	建築	木造建造物	外観	木造2階建	西海市教育委員会社会教育課
三菱崎戸炭鉱福浦坑巻上機室	長崎県西海市崎戸町蛎浦郷	1911	土木	煉瓦構造物	外観	三菱崎戸炭鉱施設（積出港・煙突・選炭場・石炭積込場等）が残る	西海市教育委員会社会教育課
鉱夫像「活力」	長崎県西海市崎戸町蛎浦郷	昭和	モニュメント	ブロンズ	○	崎戸歴史民俗資料館	西海市教育委員会社会教育課
松島炭鉱松島変電所跡	長崎県西海市大瀬戸町松島外郷	1905	建築	煉瓦建造物・RC構造物	○	コンクリート製角電柱が残る	西海市教育委員会社会教育課
松島炭鉱池島坑第一竪坑	長崎県長崎市外海町池島	1967	土木	鉄骨増	外観		長崎市教育委員会生涯学習課 TEL：095-829-1193
松島炭鉱池島坑第二竪坑	長崎県長崎市外海町池島	1981	土木	鉄骨増	外観		(株)三井松島リソーシス TEL：0959-26-0333
女神像「慈海」	長崎県長崎市外海町池島	1982	モニュメント	ブロンズ	外観	冨永朝堂作。子どもの鉱夫姿の像もある	(株)三井松島リソーシス
松島炭鉱池島坑	長崎県長崎市外海町池島	1952	土木	コンクリート構造物	外観	選炭場・シックナー・貯炭場・石炭積込施設のほか、集合住宅、学校、商店など島全体を含む	(株)三井松島リソーシス
旧グラバー住宅主屋付属屋	長崎県長崎市南山手町	1863	建築	木造建造物	○	国重文。園内にはウォーカー住宅・リンガー住宅・オルト住宅・ウォーカー住宅などがある	グラバー園管理事務所 TEL：095-822-8223
三菱高島炭鉱二子立坑跡	長崎県長崎市高島町高島	1963	土木	RC構造物	外観		長崎市教育委員会生涯学習課
鉱夫像「曙」	長崎市高島町高島	昭和	モニュメント	ブロンズ	○	長崎市高島石炭資料館	長崎市教育委員会生涯学習課
北渓井坑	長崎県長崎市高島町本町	1868	土木	煉瓦建造物	外観	市史跡	長崎市教育委員会生涯学習課
南渓井坑排気坑	長崎県長崎市高島町尾浜	明治	土木	煉瓦構造物	外観	近くに尾浜坑坑口跡あり	長崎市教育委員会生涯学習課
三菱中ノ島炭鉱	長崎県長崎市高島町中ノ島	1884	土木	煉瓦構造物	外観		長崎市教育委員会生涯学習課
三菱高島炭鉱端島坑	長崎県長崎市高島町端島	大正~昭和	土木	RC構造物	○	通称「軍艦島」	長崎市教育委員会生涯学習課

名称	所在地	竣工年	分類	構造	見学	備考	問合先
三井石炭鉱業（株）三池炭鉱旧万田坑施設	熊本県荒尾市原万町	1905	土木	鋼立体トラス、煉瓦建造物、木造建造物、RC構造物、石造	○	国重文・史跡。第二竪坑巻揚機室・第二竪坑櫓・倉庫及びポンプ室・安全燈室及び浴室 ・事務所・山ノ神祭祀施設	荒尾市教育委員会 TEL：0968-63-1111
三角旧港（三角西港）施設	熊本県宇城市三角町三角浦	1887	土木	石造埠頭、延長756m	○	国重文。埠頭・東排水路・西排水路・環濠西端直線排水路・一之橋・二之橋・三之橋・中之橋。三池炭鉱からの石炭輸送に関連	宇城市教育委員会 文化課 TEL：0964-32-1954
魚貫炭鉱	熊本県天草市魚貫町浦越	1951	土木	RC構造物	外観		天草市教育委員会文化課 TEL：0969-32-6784
烏帽子坑	熊本県天草市牛深町西田代又	1897	土木	煉瓦構造物（石ポータル）	外観	市指定。天草炭業烏帽子坑、防波堤。近くにコンクリート坑口が残る	天草市教育委員会文化課
宇多良鉱業所	沖縄県八重山郡竹富町	1925	土木	煉瓦構造物・RC構造物	外観	丸三炭鉱（名）。トロッコの支柱跡・橋梁・冷蔵施設などが残る	竹富町教育委員会事務局 TEL：0980-82-6191
内離島炭鉱	沖縄県八重山郡竹富町	明治～昭和	土木	坑道ほか	外観	送風用煙突・坑口等が残る	竹富町教育委員会事務局
船浮炭鉱	沖縄県八重山郡竹富町	明治～昭和	土木	桟橋ほか	○	桟橋跡・集落跡が残る	竹富町教育委員会事務局
外離島炭鉱	沖縄県八重山郡竹富町	明治～昭和	土木	坑道	外観		竹富町教育委員会事務局

*項目名称の標記は、通称を基本としているが、旧名称やその後の名称となっている場合がある。指定されているものはその名称に従った。

*分類は建築・土木・モニュメント・機械・資料に分けた。

*見学の有無は、できるものを「○」、外観のみの場合は「外観」とした。できないものを「×」とした。石炭産業遺産の見学をされる場合は、エチケットを守ってください。敷地内の見学は所有者等の許可が必要な場合が多く、石炭産業遺産の状況等については問合先か各施設のある行政機関等にお尋ねください。

国重文：国指定重要文化財　**県指定**：県指定文化財　**市（町村）指定**：市（町村）指定文化財
国史跡：国指定史跡　**県史跡**：県指定史跡　**市（町村）史跡**：市（町村）指定史跡
国名勝：国指定名勝　**市（町村）名勝**：市（町村）指定名勝
国登録：国登録有形文化財

石炭関係年表

西暦	和暦	石炭・炭鉱事項	備考
一四六九	文明元年	「石炭山由来記」に、百姓伝治左衛門が三池郡稲荷村で、燃える石を発見との記述がある（三池炭田のはじまり）	石炭発見は、中国一万一〇〇〇年前、西洋一万一二〇〇年前といわれる
一四七八	文明十年	「香月世譜」に、五郎太夫が遠賀郡香月村にて薪の代りに用いたとの記述がある（筑豊炭田のはじまり） このころ、五郎太夫が有帆村大休にて燃える石を発見との記述が「宇部小野田厚狭歴史物語」にある（宇部炭田のはじまり）	
一六九二	元禄五年	ドイツ人E・ケンペルの「日本誌」に木屋瀬村にて村民が石炭を焚いているのであろうとの記述がある	元禄年代（一六八八－一七〇三）養蚕・製紙・製織が盛んになる
一六九五	元禄八年	「石炭史話」に、五平太が高島の海岸で魚を焼いていて石炭を発見との記述がある（高島炭田のはじまり）	
一七〇三	元禄十六年	「筑前国続風土記」に、遠賀、鞍手、嘉麻穂波、宗像郡の処々の山野に石炭があるとの記述がある	
一七一六～一七三六	享保年間	「日本石炭讀本」には、保年間に東松浦郡北波多村岸山で農夫が発見との記述がある（唐津炭田のはじまり）	一七一一年、ニューコメンが蒸気機関を発明
一七一八	享保三年	「松岡郡鑑」にぶんどう岩（石炭）を薪代わりにしたとある（常磐炭田のはじまり）	
一八五六	安政三年	「開拓使事業報告」に、北海道白糠で媒炭を掘ったとの記述がある（釧路炭田のはじまり）	
一七六三	宝暦十三年	堀川竣工。川ひらたでの若松へ運航始まる	産業革命始まる。一七六五年、ワットが蒸気機関を完成。一七八一年、回転蒸気機関を開発
一七八九	寛政元年	このころ塩田向け石炭が多く使用される	フランス革命
一八〇一～一八〇三	享和年間	天草炭田を発見	
一八一三	文化十年	石炭を使用した製塩が盛んに行われる	クラニー氏坑内安全灯を考案
一八二六	文政九年	芦屋に焚石会所を設ける。四年後若松に設ける	
一八五一	嘉永四年	神永喜八ら上小津田村で石炭採掘。（常陸炭鉱）	ロンドンで第一回万国博覧会開催
一八五三	嘉永六年	石炭を汽船用に使用。島津藩で溶鉱炉に石炭を使用。アメリカ人R・G・ジョーンズが西表の地質調査	M・C・ペリーが浦賀に来航

西暦	和暦	石炭・炭鉱事項	備考
一八五六	安政三年	片寄平蔵が白水村弥勒沢で石炭採掘。二年後、加納作平が白水村不動沢で石炭採掘。（磐城炭鉱）	
一八六七	慶応三年	北海道茅沼でイギリス人、E・H・ガールを招聘して採炭する	大政奉還。A・B・ノーベル氏ダイナマイトを発明する
一八六八	明治元年	「鉱山心得書」を発布。鍋島藩、グラバーと高島炭鉱を共同経営する。一五〇〇尺の北渓井坑開坑	明治維新。五箇条の誓文。戊辰戦争。鉄道開通（新橋～横浜間）
一八七二	明治五年	麻生賀郎が、目尾炭鉱を開発する。鉱山心得書発布される。若松焚石会所廃止。ライマンは、北海道の鉱物調査を進めた。ゴットフレーが常磐炭田の調査	鉄道開通（新橋～横浜）。富岡製糸場の設立
一八七三	明治六年	日本坑法を発布する。三池炭鉱及び高島炭鉱を官営（工部省）にする。ライマンらが北海道の地質調査を始めた	徴兵令、地租改正
一八七四	明治七年	高島炭鉱を後藤象二郎に払い下げる	全国出炭二〇万トンを超す
一八七五	明治八年	高島炭鉱ガス爆発。ムーセ「三池炭山見込表」を記す	
一八七八	明治十一年	ポッターが「松島炭山報告書抄録」「筑前豊前炭山ノ予告」などを記す。和田維四郎「本邦金石略誌」を記す。ライマンは、盤城の石炭を調査	西南戦争（一八七七）
一八七九	明治十二年	麻生太吉、綱分炭鉱を経営する。官営幌内炭鉱開坑	ドイツ、ウルフ氏、ウルフ型灯油安全灯を考案する
一八八〇	明治十三年	岩崎弥太郎が三菱炭鉱を買収する	
一八八一	明治十四年	杉山徳三郎、目尾炭鉱にて蒸気機関を用いてはじめて成功する	
一八八三	明治十六年	貝島太助、大之浦炭鉱一坑を開発する。磐城炭礦創立	全国出炭一〇〇万トンを超す
一八八五	明治十七年	筑豊石炭鉱業組合設立。磐城炭礦社が創業	
一八八六	明治十八年	安川敬一郎、明治炭鉱を開坑する。直方炭鉱廃止される	日本鉱業会創立
一八八七	明治十九年	釧路炭田の鉱区の出願始まる	
一八八八	明治二十一年	海軍予備炭田を選定。坂市太郎が「夕張の石炭大露頭」を発見。若松着炭川ひらたにて五〇万トン	
一八八九	明治二十二年	官営三池炭鉱を三井組に譲渡する。三菱が鯰田炭鉱を経営し、エンドレス・ロープを採用する。北海道炭礦鉄道会社（後の北海道炭礦汽船（株））が発足。海軍が新原採炭所を開坑	大日本帝国憲法の制定
一八九〇	明治二十三年	鉱業条例公布される。三菱社が端島炭坑の経営にあたる	
一八九一	明治二十四年	筑豊鉄道「若松－直方」間開通し、　一八万トン石炭輸送する（川ひらた六九万トン）	足尾銅山鉱毒事件
一八九二	明治二十五年	天草牛深権現山炭鉱開鉱。北炭夕張炭鉱での採炭を開始。三井鉱山が設立	

一八九四	明治二十七年	古河鉱業が下山田鉱区を取得する。住友が忠隈炭鉱を経営する	日清戦争起こる（～一八九五）。全国出炭四二六万トンを超す
一八九七	明治三十年	八幡製鐵所が設立される。渡辺祐策が沖ノ山炭鉱組合設立。渋沢栄一、長門無煙炭鉱を設立（翌年、海軍練炭製造書採炭部）	
一八九八	明治三十一年	三井鉱山、山野炭鉱を開発する。三菱鉱業、上山田炭鉱を開発する安川が納屋制度を廃止する	全国出炭六六九万トンを超す
一八九九	明治三十二年	豊国炭鉱にて爆発事故（犠牲者二一〇人）	
一九〇〇	明治三十三年	三井鉱山が田川炭鉱を買収する。明治鉱業では採炭切符（炭坑札）を廃止	八幡製鐵所の創業。全国出炭七四八万トンを超す
一九〇二	明治三十五年	高島炭鉱ガス爆発。蔵内次郎作、第二峰地炭鉱を開発	
一九〇三	明治三十六年	三菱鉱業、方城炭鉱に竪坑を開さく。魚貫で石炭採掘	
一九〇四	明治三十七年	好間炭礦が採掘開始。	日露戦争（～一九〇五）
一九〇五	明治三十八年	鉱業法公布。三井鉱山が伊田竪坑を開さくする。相知炭鉱ではじめて「カッター」を使用する。徳山市に海軍練炭製造所開設	全国出炭一一五四万トンを超す
一九〇六	明治三十九年	若松、戸畑に石炭積込機械が運転を開始する。八幡製鐵、二瀬炭鉱に中央立坑を起工する。三井鉱山、漆生炭鉱に開さくする。古河鉱業会社設立	
一九〇七	明治四十年	豊国炭鉱にて爆発事故（犠牲者三六五人）	
一九〇八	明治四十一年	三池港開港。明治鉱業（株）を設立	全国出炭一四八二万五千トン
一九〇九	明治四十二年	高島伊好、杵島炭鉱を経営する。鯰田炭鉱にて運炭専用電車を運転する。私立明治専門学校開校	日清協約成立（撫順・煙台炭鉱の採掘権獲得等）
一九一〇	明治四十三年	筑豊石炭鉱業組合会議所が完成（現直方市石炭記念館）	韓国併合
一九一一	明治四十四年	三井（合名）改組し、三井鉱山（株）創立	辛亥革命
一九一二	大正元年	大之浦炭鉱、菅牟田立坑を着工。北炭夕張炭鉱（北海道）にて四月と一二月に爆発事故。それぞれ死者・行方不明者二七六人、二一六人	全国出炭一九三六万トン。九州出炭一四八九万トンを超す
一九一四	大正三年	伊藤伝右衛門、大正炭鉱を創立する。方城炭鉱ガス爆発事故（犠牲者六八七名）。新夕張炭鉱にて爆発事故。（犠牲者四二三人）	第一次世界大戦（一九一四～一八）
一九一六	大正五年	端島に、わが国最初の鉄筋コンクリート造アパート、三〇号（七階建）が完成。東見初炭鉱（山口県）にて海水流入事故（犠牲者二三五人）	
一九一五	大正四年	直方町に爆発試験場の前身である安全灯試験場が設立される	
一九一七	大正六年	鉱山学校を設立する（八年開校）。大之浦炭鉱でガス爆発（犠牲者三六七名）。大倉鉱業（株）設立	

西暦	和暦	石炭・炭鉱事項	備考
一九一八	大正七年	三菱鉱業（株）設立。古河鉱山（株）設立。大之浦炭鉱にて爆発事故（犠牲者三七六人）	米騒動起きる。全国出炭二八〇二万トンを超す。九州出炭一九一四万トン
一九一九	大正八年	納屋制度全国各地で廃止される。金券（炭券）制度廃止される	ヴェルサイユ条約。全国出炭三〇〇〇万トンを超す
一九二〇	大正九年	全日本坑夫総連合会結成される。太平洋炭礦（株）の創業。北炭夕張炭鉱北上坑にて爆発事故（犠牲者二〇九人）	戦後恐慌
一九二一	大正十年	常磐石炭礦業会結成	
一九二二	大正十一年	納屋制度廃止を国会で決議する（猶予期間一〇年）。筑豊石炭鉱業組合が救護訓練所を設立	九カ国条約に調印
一九二三	大正十二年	三池炭鉱専用鉄道の電化完了（一九〇九～）	関東大震災
一九二四	大正十三年	この頃から全国主要炭坑でキャップランプを使用し始めた。山陽無煙炭鉱（株）を設立。住友が歌志内市坂炭砿を経営	貯炭量増加で石炭不況（一九二四末～三〇）
一九二八	昭和三年	住友九州炭砿（株）設立	
一九二九	昭和四年	年少者、婦女子の深夜業禁止。坑内労働も同時に禁止された（実施は八年九月）	世界恐慌はじまる。全国出炭三四二五万トンを超す。九州出炭二二一九万トン
一九三〇	昭和五年	理化学研究所がガス検定器を開発する。住友炭砿（株）設立	
一九三一	昭和六年	三井鉱山（株）が三池港発電所の運転を開始。宮原坑閉山し、三池集治監閉庁	満洲事変勃発
一九三三	昭和八年	長壁払採炭法が普及し始める。	国際連盟の脱退
一九三四	昭和九年	高島炭鉱にて後退式長壁払採炭法を採用する。	
一九三六	昭和十一年	主要炭鉱にコールカッターの使用始まる。ベルトコンベヤーも普及する	二・二六事件。全国出炭四〇〇〇万トンをを超す。九州出炭二六六六万トン
一九三八	昭和十三年	石炭配給に切符制度	国家総動員法
一九三九	昭和十四年	鉱業法改正公布。女子坑内労働運動の特例公布される。国民徴用令公布	第二次世界大戦勃発。川ひらた〇となる
一九四〇	昭和十五年	石炭配給統制法公布施行	全国出炭五七〇〇万トン。九州出炭三三〇〇万トン
一九四一	昭和十六年	石炭統制会設立	太平洋戦争勃発
一九四二	昭和十七年	朝鮮人労務者活用に関する方策が決定。捕虜派遣規則を公布	
一九四三	昭和十八年	第四海軍燃料廠（志免）竪坑櫓完成	
一九四四	昭和十九年	全国主要炭鉱を軍需工場に指定する。入山採炭（株）と磐城炭礦（株）が合併し常磐炭礦（株）が設立。朝鮮人労務者徴用制を実施	

一九四五	昭和二十年	石炭生産緊急対策閣議決定。石炭庁官制公布。(財)石炭綜合研究所の設立。連合軍総司令部（GHQ）が石炭増産の遂行を迫る	ポツダム宣言。広島・長崎原爆投下。終戦。労働組合法公布。GHQが三井・三菱・住友・安田の財閥解体
一九四六	昭和二十一年	石炭生産増強方策大綱を発表(二月)。日本炭鉱労働組合連合会結成(四月)。日本石炭鉱業会発足(五月)。日本石炭鉱業連盟設立。石炭復興会議提唱（組合等）	日本国憲法公布
一九四七	昭和二十二年	配給公団法公布(日本石炭株式会社解散)。臨時石炭鉱業管理法公布	日本国憲法施行。教育基本法・学校教育法・労働基準法・独占禁止法を公布
一九四八	昭和二十三年	日本石炭協会発足	全国出炭三四七九万トン
一九四九	昭和二十四年	鉱山保安法公布、施行（五月）。鉄製カッペ支柱と平型コンベアとを西ドイツから導入。大浜炭鉱（宇部）で日本初のカッペ採炭が始まる。配給公団解散	
一九五〇	昭和二十五年	国管法廃止（五月）により、炭鉱に対する国家管理終わる。特別鉱害復旧臨時措置法公布、施行（五月）。新鉱業法、鉱業施行法公布（十二月）	朝鮮戦争（～一九五三）
一九五一	昭和二十六年	炭労全国スト終わる（十一月）。各地で炭鉱ストが続発	サンフランシスコ平和条約。日米安全保障条約締結。全国出炭四六四九万トン
一九五二	昭和二十七年	臨時石炭鉱害復旧法、国会を通過する。炭労無期限ストに入る（十月）	
一九五三	昭和二十八年	三池炭鉱長期ストに入る（一一三日）	
一九五五	昭和三十年	石炭鉱業合理化臨時措置法衆議院で可決(九月施行)。石炭鉱業整備事業団発足（十月）。合理化法施行規則公布。	
一九五六	昭和三十一年	北松炭田に西ドイツからホーベル採炭法を導入	
一九五八	昭和三十三年	筑豊炭田にドフムカッターを採用	
一九五九	昭和三十四年	炭鉱離職者臨時措置法公布。石炭合理化審議会、合理化基本計画を策定する。三池争議起る	岩戸景気。黒い羽根運動
一九六〇	昭和三十五年	三池争議一月一九日から十一月十日（二八二日目）。じん肺法公布。石炭鉱業合理化事業団が発足し、スクラップアンドビルド政策へと進む。コンテニアスマイナーを導入	日米新安保条約に調印
一九六二	昭和三十七年	第一次石炭政策答申。昭和四十二年度出炭目標五五〇〇万トン	キューバ危機
一九六三	昭和三十八年	三菱芦別炭鉱、三菱美唄炭鉱、三井美唄炭鉱閉山。三井三池三川炭鉱炭じん爆発（犠牲者四五八人）	
一九六四	昭和三十九年	第二次石炭政策答申。三井田川炭鉱閉山	東京オリンピック開催
一九六五	昭和四十年	三井山野炭鉱にて爆発事故（犠牲者二三七人）	

西暦	和暦	石炭・炭鉱事項	備考
一九六六	昭和四十一年	第三次石炭政策答申。常磐ハワイアンセンター（現在のスパリゾートハワイアンズ）開業	文化大革命（〜一九七七）。いざなぎ景気
一九六七	昭和四十二年	沖ノ山炭鉱閉山。太平洋炭礦で、シールド枠とドラムカッターとの組み合わせにより採掘する長壁式採炭法を導入	
一九六八	昭和四十三年	第四次石炭政策答申	
一九六九	昭和四十四年	明治炭鉱、麻生産業、杵島炭鉱等閉山。三菱大夕張炭礦株式会社・三菱高島炭礦株式会社を設立	アポロ11号月面着陸
一九七〇	昭和四十五年	古河下山田炭鉱、日鉄嘉穂炭鉱等大手炭鉱閉山。三菱南大夕張炭鉱営業出炭開始	
一九七一	昭和四十六年	常磐炭礦が閉山。住友奔別炭鉱、住友上歌志内炭鉱、北炭夕張第二炭鉱閉山。山陽無煙閉山式	
一九七二	昭和四十七年	第五次石炭政策答申（六月）昭和五十年度の出炭目標を二〇〇〇万トンとする。三菱大夕張炭礦美唄炭鉱閉山	全国出炭二六九七万トン。九州出炭一〇六七万トン
一九七三	昭和四十八年	魚貫炭鉱閉山。三菱大夕張炭鉱、北炭夕張炭鉱閉山	第一次オイルショック
一九七四	昭和四十九年	端島鉱が閉山	
一九七五	昭和五十年	北炭夕張新炭鉱営業出炭開始	
一九七六	昭和五十一年	筑豊最後の貝島炭鉱が閉山	全国出炭一八三二万トン
一九七九	昭和五十四年	吉部鉱業美祢炭鉱が採炭	第二次オイルショック
一九八五	昭和五十〇年	常磐炭鉱中郷炭鉱閉山	
一九八七	昭和五十二年	三井砂川炭鉱、北炭真谷地炭鉱閉山	
一九八九	平成元年	北炭幌内炭鉱閉山	
一九九〇	平成二年	三菱南大夕張炭鉱閉山	
一九九三	平成五年	住友赤平炭鉱閉山	
二〇〇一	平成十三年	池島炭鉱が閉山（九州最後の炭坑）。三井松島リソーシス（株）による炭鉱技術研修センターが始動	アメリカ同時多発テロ事件が発生
二〇〇二	平成十四年	一月三十日、太平洋炭礦（株）が閉山（日本最後の坑内掘り炭坑）し、釧路コールマイン（株）が始動	

＊この年表は「筑豊石炭礦業史年表」を参照し、作成した。

炭鉱言葉（五〇音順）

安全燈　坑内の照明には裸火を使用していたが、安全油燈が輸入された（明治期にはカンテラ（携行用の石油ランプ）を使用したが、ガスに変わった）。後にウルフ式安全燈が使われ、昭和に入って電気安全燈が使用された。

一番方　所定労働時間（八時間）の交代勤務で、朝からの出勤のもの。一番方（炭坑によって違うが七時入坑、十五時出坑）・二番方（十四時入坑、二十二時出坑）・三番方（二二時入坑、五時出坑）と呼んでいた。

ウォーシントンポンプ　蒸気ピストンで駆動されるポンプ。

エアドリル　圧縮空気を動力とする軽量小型の鑿孔機。

エブ　エビジョウケとも言い、石炭をすくう道具。カキイタというかき寄せる道具とセットで使う。

エンドレス捲　炭車運搬用のエンドレスロープのことで、環状の索道（運搬装置）。

オーガー　スクリューにより発破孔をあける機械（錘）。

卸　炭層の傾斜に沿って下る方向をいう。「本卸」坑口が石炭搬出・入気を行うのに対して、「連卸」坑口は坑夫・材料の運搬・排気をおこなった。

ガス突出　有毒ガスが溜まる時も多く、一酸化炭素中毒などで犠牲者を出す事がある。

片磐坑道　炭層の傾斜する真卸の方向と直角で傾斜のない方向を片磐と言い、その方向への軌条を敷設した坑道を言う。

合掌枠　梁と枠足となる坑木を斜めに切って、合掌形に合わせた木組み枠。

カッペ採炭　切羽で支保に鉄柱とカッペ（長さ八〇〜一二〇cmの鋼などの天盤支持梁）を用いる採炭法。

汽罐場《きかんば》　ボイラを利用した機関場。巻上機、給水・排水ポンプなどの動力を明治〜昭和初期に蒸気力に依存した。

切羽　石炭を採掘する場所。

掘進　坑道を掘削して進行すること。

繰込み　鉱夫の出役の際に入坑前の事務を執りおこない、立会うこと。この場所を繰込み場といい、督励する者を繰込み係という。

ケージ　運搬用のかご。

ゲージ　線路の幅（軌間）。

ケーペ式　滑車にエンドレスのワイヤーロープを巻いて回転させる方式。

鉱員　坑夫のこと。昭和十八年から「坑夫」は「鉱員」と呼ぶようになる。炭鉱で働く職員以外の従業者を言う。

鉱業権　鉱業法で登録を受けた一定の鉱区において、登録を受けた鉱物を掘採し、取得する権利をいう。明治二年の行政官布告（行政官第一七七号）より始まり、明治六年の日本坑法（大政官第二五九号）布告、明治三八年の「鉱業法（旧鉱業法）」などを経て、昭和二五年の「鉱業法」となった。

鉱区　鉱業権の登録を受けた土地の区域

坑道　地下に造られる通路のこと。構造によって竪に掘られた竪坑、斜めに掘られた斜坑、水平に掘られた水平坑道（横坑）などがある。また、用途によって人道、入気、排気などに分けられる。

坑内堀　支保工を行い、坑道を掘っていく手法。

五平太　遠賀川で活躍したの石炭輸送の川船で「五平太船」「川ひらた」と呼んだ。語源は、石炭を発見したのが五平太と言うところから来たといわれている。

コールピック　圧縮空気を動力とする軽量小型の削岩機。

コールビン（ビン）　底にホッパーを取り付けた貯炭槽。坑内より搬出した石炭を桟橋に移し、同所の金網枠の萬斛によって塊・粉に区別し手選し、貯炭場に移し、塊・切込炭（素炭）については運搬の際、硬を除去する。

コークス炉　空気を遮断して石炭を加熱し、コークスを製造する設備。

コース捲　コース（炭車連結用の金具）のついた巻綱を備えた捲機。

コールカッター　截炭機。棒・鎖・円盤型があり、炭層を切り透す。

コンティニアスマイナー　坑道の掘進や柱房式採炭に使用する機械で、カッティングドラムで炭壁の切削と積込みとを同時に行うことができる機械。

採炭夫　採炭切羽で石炭を採掘する鉱員を言う。

削《さく》（鑿）岩機《がんき》　岩石に爆破用の穴をあける機械

索道《さくどう》　ロープウェイのように空中を渡すロープに吊り下げた籠に石炭を乗せ、輸送を行うもの。

仕繰《しくり》　坑道の維持補修をすること。それをおこなう鉱員を仕繰方（支柱夫）といった。

自走枠　金属製の大型シールド機械のことで、天盤を支えながら上下動し、採炭機械に合わせて前後に移動（自走）できる。

充填《じゅうてん》　採掘跡の天井沈下を防ぐため、充填材などで空隙をつめ塞ぐこと。

シックナー　水洗機などでの選炭作業ででた粉炭混じりの排水を、貯めて沈澱させる装置、池。

シーブ　矢弦。ロープ（捲綱）を巻く溝車。

シャトルカー　重量である石炭を迅速に搭載、運搬、荷下ろしできるように設計された搬送用台車。

人車　鉱員運搬用の鉄製の車。救急車もあった。石炭を運搬するの木製または鉄製の車。

ストライキ　労働者による争議行為の一種で、雇用側の行動などに反対して被雇用側が労働を行わないで抗議すること。

ズリ　↓ボタ

石炭　古生代の植物（曙杉など）が地中に埋もれ、長い期間で変質した物質。カロリーの低いほうから亜炭、泥炭、褐炭、瀝青炭、無煙炭などに分けられる。

セットウ　鎚

選鉱　選炭と洗炭の作業。この石炭を精選する機械に、ジッガー式水洗機・バウム式水洗機などの機種があった。炭塊のサイズを小さくして水中で振動させ、硬との比重を利用して石炭を浮遊させて採集するものである。

選炭　採掘した原炭から製品となる石炭と不純物とを分けること。この選別をおこなう場所が選炭場。

ダイナマイト　ニトログリセリンを珪藻土などに吸収させて爆破薬としたもの。硝安ダイナマイトなども作られた。この火薬で岩盤を破壊する「発破」に使われた。

タービンポンプ　うず巻きポンプの一種。羽根車とうず巻室の間に案内羽根を設け、効率的にエネルギー変換を行うタイプ。

狸掘　支保工なしで、路頭を手掘りで掘り下げた手法。

炭坑　石炭を掘り出すための坑道のこと。中小炭坑の名称に使われています。

炭鉱　石炭を掘り出すための鉱山のこと。炭礦は、会社名等に使われています。

炭山（やま）　石炭山の略称。大手炭鉱を「おおやま」、小炭鉱を「こやま」といった。

炭車　石炭を運搬する車。鉱車・トロッコとも言う。その状態で、ボタを運搬する車。硬車とも言った。

炭住　炭鉱住宅の略。鉱員用の長屋住宅を「ハーモニカ長屋」、職員住宅は「社宅」と呼んだ。

炭田　炭層が広がっている、且つ採掘されている地域。

炭塵《じん》　石炭の粉塵。ガス爆発や電機のスパーク、発破の爆焔などの要因で引火し、爆発する。

単胴コース巻　コース（巻差しごとに炭車を連結したりはずしたりする金具）付のワイヤロープを備えた巻き機で、ワイヤロープをひくドラムが一個となる。

チプラー　転車機。単車をだるま返しさせ、石炭を覆す。

長壁法　長い炭壁面を一列に作り、その場面を一方に推し進めていく方法。長壁法で、広い切派を採掘する方法を「払」という。

チェーンコンベアー　連ねた鎖を運動させて石炭を運ぶ、

切羽運搬機。

鶴嘴《つるはし》　先端を尖らせて左右に長く張り出した頭部の掘るための道具。ピッケルに似た形をして、尖った頭部が鶴の嘴（くちばし）に似ているためそう呼ぶ。

友子　鉱夫たちの同業者組合のようなもの。江戸末から終戦頃まで続いた鉱山の友子制度は、飯場制度と巧みに結びついて労働者を監視支配する重要な役割を果たす。労働者は鉱業主と雇用関係を結んでも、働く者同士が「親分・子分・兄弟分」の関係を結ばねばならない。坑夫を新しく加盟させることを「とりたて取立」といい、資格は鉱員に限られ、坑外の作業従事者は多くの鉱山では除かれていた。仲間同士による共済制度、きったきびしい掟があった。

ドラムカッター　巨大なドラムが回転し炭壁を掘削し、採炭を行う機械。自走枠とともに使用される。

ドラム捲　ドラム（捲胴）にワイヤーロープを巻きつける捲機。

納屋　鉱夫住宅。大納屋は独身寮、小納屋は家族向き住宅。明治から終戦頃に鉱山事業などで行われた労務管理制度を納屋制度（飯場制度）といった。事業主から請け負った納屋頭（飯場頭）が、労働者を集め納屋（飯場）に収容して厳重な監督のもとに仕事をさせ、その賃金の上前をはねるなどの前近代的な労働制度をおこなっていた。

排気　換気扇を据付け、坑内の汚れた空気を坑外へ排出する。シロッコ式ファンなどが使用された。

排水　ポンプを据付け、坑内の湧水・流入水を坑外へ排出する。

ビルド鉱　昭和四十年代の日本では、生産効率の悪い中小炭鉱が閉鎖に追い込まれ、最新設備を導入した大規模炭鉱の開発が進められた。「スクラップアンドビルド」の言葉から後者を「ビルド鉱」と呼んだ。

複胴スキップ巻　スキップにより、複線で交互に上下する巻機で、ワイヤロープをひくドラムが二個となる。

プーリー　滑車。

粉炭　粉状の石炭のこと。これに対し、五cmより大きい石炭を塊炭という。

ベルトコンベアー　ベルト車にベルトを輪状に掛けて回転させ、その上に物品をのせて連続的に運搬する装置

ポケット　貯炭槽。漏斗状の形をし、石炭を一時的に蓄えておく場所。ほかに充填ポケット・硬ポケットがある。測定器付貯炭槽をメジャーリングポケットという。

ボタ　石炭や亜炭の採掘に伴い発生する捨石（硬、関東以北ではズリ（砰））。この集積場をボタ山という（関東以北ではズリ山）。

ホッパー　万石・万斛・萬斛（精炭貨車積込み機）。コンクリートでできた石炭積出し施設。石炭などを流下させる漏斗形の装置。

捲き差し　捲きは「巻き上げ」、差しは「差し込み」で、炭車を坑外に引き上げたり下げたりすることをいう。

山神社（やまがみしゃ）　大山祇神（おおやまつみのかみ）を奉る神社。（さんじんじゃ・やまじんじゃとも言われる）

山札　炭鉱札。その炭鉱のみで使用できる金券。

練炭　石炭から作られる固体燃料で、円筒形で穴が開く。五㎝ほどの豆状に成形したものは「豆炭」である。

露天堀　地表から渦を巻くように地下へ掘っていく手法。

ワインディングタワー　石炭等運搬用の籠を昇降させる巻揚機を櫓上部に設置した構造（塔櫓捲型）。

参考文献　金子雨石「筑豊炭坑ことば」名著出版、一九七四

人物注

（五〇音順）

C・W・キンドル（一八一七〜一八八四）
鉄道寮雇イギリス人技師

J・U・クロフォード（一八四二〜一九二四）
北海道開拓史顧問アメリカ人技師

J・G・H・ゴッドフレー（一八三五？〜？）
工部省雇イギリス人技師

F・A・ポッター（一八四三〜？）
工部省雇イギリス人技師

B・S・ライマン（一八三五〜一九二〇）
北海道開拓史顧問アメリカ人技師

浅野総一郎（一八四八〜一九三〇）
富山県出身の実業家、浅野財閥の創始者

麻生太吉（一八五七〜一九三三）
福岡県出身の実業家、政治家、第九十二代内閣総理大臣麻生太郎の曽祖父

鮎川義介（一八八〇〜一九六七）
山口出身の実業家、日産コンツェルンの創始者

伊藤伝右衛門（一八六一〜一九四七）
福岡県出身の実業家、政治家

井上馨（一八三六〜一九一五）
山口県出身の実業家、政治家

岩崎弥太郎（一八三五〜一八八五）
高知県出身の実業家、三菱財閥の創業者

榎本武揚（一八三六〜一九〇八）
東京都出身の政治家

大隈重信（一八三八〜一九二二）
佐賀県出身の政治家、第八・十七代内閣総理大臣

貝島健次（一八八〇〜一九五三）
福岡県出身の実業家、貝島太助の三男、嘉蔵は三男

貝島太助（一八四五〜一九一六）
福岡県出身の実業家

片寄平蔵（一八一三〜一八六〇）
福島県出身の実業家

金子元三郎（一八六九〜一九五二）
小樽市出身の実業家、政治家

加納作平（一八三〇〜一八九三）
福島県出身の実業家

神永喜八（一八二五〜一九一〇）
茨城県出身の実業家

川崎八右衛門（一八三四〜一九〇七）
茨城県出身の実業家、東京川崎財閥の創始者

後藤象二郎（一八三八〜一八九七）
高知県出身の実業家、政治家

渋沢栄一（一八四〇〜一九三一）
埼玉県出身の官僚、実業家、日本資本主義の父といわれる

白井遠平（一八四六〜一九二七）
福島県出身の実業家

進藤喜平太（一八五一〜一九二五）
福岡県出身の政治家、玄洋社社長

杉山徳三郎（一八三九〜一九二〇?）
長崎県出身の実業家

竹内綱（一八四〇〜一九二二）
高知県出身の実業家、政治家

頭山満（一八五五〜一九四四）
福岡県出身の国家主義者、アジア主義を抱いた玄洋社の総帥

中島徳松（一八七四〜一九五一）
長崎県出身の実業家

箱田六輔（一八五〇〜一八八八）
福岡県出身の政治家、向陽社社長

坂市太郎（一八五四〜一九二〇）
夕張炭田発見者

平岡浩太郎（一八五一〜一九〇六）
福岡県出身の政治家、玄洋社初代社長
福原芳山（一八四七〜一八八二）
山口県出身の実業家
古河市兵衛（一八三二〜一九〇三）
京都府出身の実業家、古河財閥の創始者
古河虎之助（一八八七〜一九四〇）
滋賀県出身の実業家、古河市兵衛の子
堀基（一八四四〜一九一二）
鹿児島出身の実業家、北海道炭礦鉄道の初代社長
松本健次郎（一八七〇〜一九六三）
福岡県出身の実業家、安川敬一郎の二男
三好徳松（一八七〇〜一九三一）
福岡県出身の実業家
安川敬一郎（一八四九〜一九三四）
福岡県出身の実業家、安川財閥の創始者
安田善次郎（一八三八〜一九二一）
富山県出身の実業家、安田財閥の創始者
山縣勇三郎（一八六〇〜一九二四）
北海道出身の実業家
山内徳三郎（一八四四〜一九二四）
北海道開拓史通訳兼助手・リーダー、山内提雲の弟
山内提雲（一八三八〜一九二三）
東京都出身の幕臣、初代八幡製鐵所長官
吉田茂（一八七八〜一九六七）
高知県出身の政治家、第四十五・四十八〜五十一代内閣総理大臣
渡辺祐策（一八六四〜一九三四）
山口県出身の実業家、政治家

あとがき

炭鉱は、産業史の中でマイナスイメージの象徴だという人は多い。しかし、その人たちは炭鉱で栄えた時代を忘れ、閉山処理などの問題を主張する人が大多数だと思う。炭鉱そのものがなくなった今、そのマイナスイメージの社会・歴史をだれが伝えるのであろうか。

炭鉱での辛い・悲しいと感じている思い出は、知らない次世代の子供たちに伝承されるであろうか。炭鉱と関係の無い人が、記録された文書を見ることがほとんどない。労働についてもそうで、坑内事故で亡くなった人も多いが、この点については、マネージメントの低い時代のことであり、現在も坑内掘りを行なう中国の、炭鉱での労働災害の新聞記事を見てもらいたい（相当の人が、現在においても管理の行き届かない坑内で亡くなっている。当時の日本の炭鉱でも、事故はつきものだったが、災害率の低さという点では目を見張るものがあった）。また、強制労働などの労働形態の問題については弁解できない事実だが、それこそ歴史の一部として伝承し、今後の教育に活かすべきではないかと感じる。

そのなかで、炭鉱というものを理解し、地域の人々に「炭鉱があった」という記憶を蘇らせるきっかけとなるのは、やはり現存する施設などの様々な遺産である。

私が見聞してきた遺産の地は、過去との対話ができる、現在住んでいるいろいろな人との出会いがある「気付き」の場所であった。これらの石炭産業を支えた坑夫やその家族の有様までもが、現在の社会・歴史と相似し、この打ち捨てられた遺産の中にこそ、未来へつながる歴史が存在しているという思いに至った。

そうした意味で、紹介した石炭産業遺産に関しては、公開されているものについてはぜひ足を運んでいただきたいと思っている。そして、人が造り上げた石炭産業が歩んだ歴史を、人から人へ伝えていっていただきたいと願う。この本には資料館や博物館の一覧のほか、ホームページ一覧も掲載しているので、新しい情報の収集に役立てていただきたい。ただし、その他の書籍、電子媒体の情報の中には、極端な趣味にはしるものも含まれるので、道徳的な分別が必要である。見学する際は、自身の責任の上で行動し、特に公共の施設以外は、プライバシーに配慮することは肝に銘じておかなければならない。また、遺構を見学する際は安全に十分注意することはもちろん、法律で禁じられた場所への立ち入りはご遠慮いただきたい。

付け加えると、散策を楽しむためには行動するのに適した時期がある。北海道・東北エリアは、四月当初までは雪が解けておらず遺構が埋もれて、全く見ることができない。かといって、夏に行くと草木が繁殖しすぎて見学箇所には入れない。僻地が多く、五月下旬からは熊が出る場所もある。こうしたことから勘案すると、見学時期は五月初旬頃が良いと思われるが、ちょっとしたサプライズで、雪解け間じかのキタキツネやウサギ、エゾジカに出会えるかも知れない。

常磐は四月、九州・山口エリアの見学時期は、三月が良いと思われる。夏に行くと植物が繁殖しすぎて遺構の中には入れないからだ。また、草木の多いところはノミ・シラミに注意が必要だ。対策をとらずに行くと、ご承知の通りの結果となる。

西表島エリアは、亜熱帯の植物に埋もれることなく見学できる十月が良いと思われる。青い海と白い雲を眺め、潮風を感じながら快適に石炭産業遺産の見学ができる。また、サキシマスオウノキやヤエヤマセマルハコガメ、蟹、鳥、蝶といった動植物を鑑賞することができる。ただ、この時期になっても蚊が多く、サキシマハブやヤエヤマサソリには、くれぐれも用心しなければならない。

以上のことに注意して、見聞いただければ幸いであるが、各エリアの石炭産業遺産は減少の一途をたどっているのも事実である。本書を見学可能な場所に携帯し、ガイドブックとして活用をされることを願ってやまないし、少しでも、それらについての情報の共有がなされればと思っている。

最後になりましたが、本書の発刊に際して、多くの方々に協力していただいた。記して感謝の意を表します。また、とくにご協力いただいた九州産業考古学会の市原猛志氏や弦書房の小野静男氏、スタッフの皆様方に感謝いたします。

二〇一二年四月

徳永博文

〈監修〉

北海道産業考古学会
常磐炭田史研究会
九州産業考古学会

〈資料提供者・協力者〉

酪農学園大学教授（北海道産業考古学会会長）山田大隆、常磐炭田史研究会会長　大谷明、九州産業考古学会会長　大石道義、九州大学名誉教授　東定宣昌、九州大学附属図書館記録資料館産業経済資料部門教授　三輪宗弘、九州共立大学名誉教授　長弘雄次、産業考古学会、北海道空知支庁地域政策課、滝川市教育委員会、星槎大学、美唄市教育委員会、北菱産業埠頭（株）、歌志内市郷土館ゆめつむぎ、北海道企業局夕張川発電管理事務所、夕張鹿鳴館、みかさ・炭鉱の記憶再生塾、ＪＲ北海道岩見沢レールセンター、釧路市立博物館、いわき市石炭化石館、いわきヘリテージツーリズム協議会、常磐興産（株）、美祢市歴史民俗資料館、宇部市石炭記念館、宇部興産（株）、福岡県教育庁文化財保護課、旧福岡県立筑豊工業高校同窓会、九州日立マクセル（株）、（株）麻生、田川市石炭・歴史博物館、飯塚市歴史資料館、直方市教育委員会、古河機械金属（株）筑豊事務所、鞍手町歴史民俗資料館、宮若市石炭記念館、西戸崎開発（株）、（株）サワライズ、志免町長　南里辰己、志免町教育委員会、ＮＰＯ法人大牟田・荒尾炭鉱のまちファン倶楽部、大牟田市石炭産業科学館、唐津市教育委員会、長崎県教育委員会、荒尾市教育委員会、熊本産業遺産研究会、三井松島リソーシス（株）、竹富町教育委員会、伊佐治知子、石川孝織、市原猛志、香月靖晴、古後憲浩、佐久間淳次、斉藤孝広、志満紀郎、中野浩志、長渡隆一、永吉守、野木和夫、深町純亮、福本寛の各氏、その他多くの方にご協力いただきましたが紙面の都合上割愛させていただきます。

主要参考資料

『北海道炭鉱資料総覧』内田大和、空知地方史研究協議会、２００９
『明治・大正・昭和の空知写真集』空知地方史研究協議会、２００６
『そらち炭鉱遺産散歩』北海道新聞空知「炭鉱」取材班編、共同文化社、２００３
『炭鉱…盛衰の記憶』北海道新聞社編、２００３
『写真で見る美唄の２０世紀』美唄市、２００１
『わが夕張　知られざる炭鉱の歴史』夕張働くものの歴史を記録する会、（株）北海道機関紙共同印刷所、１９７７
『写真が語る常磐炭田の歴史』「写真が語る常磐炭田の歴史」出版係編、常磐炭田史研究会、２００６
『黒ダイヤの記憶』おやけこういち、１９９７
『炭鉱－有限から無限へ－』炭鉱写真集編集委員会、宇部市、１９９８
『炭山の王国　渡辺御裕策とその時代』堀雅昭、宇部日報社、２００７
『九州石炭産業史論』正田誠一、九州大学出版会、１９８７
『筑豊のこどもたち』土門拳、築地書館、１９７７
『写真万葉録・筑豊　１～８』上野英信・趙根在、葦書房、１９８４～１９８６
『炭坑の語り部　山本作兵衛の世界』田川市石炭・歴史博物館／田川市美術館、２００８
『直方市史補巻（石炭鉱業篇）』直方市役所、１９７９
『筑豊石炭礦業史年表』筑豊石炭礦業史年表編集委員会、田川郷土研究会、１９７３
『志免炭鉱九十年史』田原喜代太、１９８１
『志免町文化財調査報告書　第15～18集』志免町教育委員会、志免鉱業所遺跡（２００５）・志免鉱業所舎宅調査報告書（２００６）・志免鉱業所竪坑櫓（２００８）・志免鉱業所遺跡Ⅱ（２００９）の四冊
『地底の声―三池炭鉱写真誌』高木尚雄、弦書房、２００３
『炭鉱史』松浦市、松浦市商工観光課、１９９３
『炭鉱誌』前川雅夫、葦書房、１９９０
『軍艦島　住み方の記憶』坂本道徳、軍艦島を世界遺産にする会、２００８
『軍艦島実測調査資料集』阿久井喜孝・滋賀秀実、東京電機大学出版局、１９８４
『沖縄・西表炭坑史』三木健、日本経済評論社、１９９６
『北海道の近代化遺産』北海道教育委員会編、１９９５
『山口県の近代化遺産』山口県教育委員会編、１９９８
『福岡県の近代化遺産』福岡県教育委員会編、（財）西日本文化協会、１９９３
『佐賀県の近代化遺産』佐賀県教育委員会編、２００２
『長崎県の近代化遺産』長崎県教育委員会編、１９９８
『熊本県の近代化遺産』熊本県教育委員会編、１９９９
『沖縄県の近代化遺産』沖縄県教育委員会編、２００４
『北九州の近代化遺産』北九州地域史研究会編、弦書房、２００６
『福岡の近代化遺産』九州産業考古学会編、弦書房、２００８
『近代化遺産ろまん紀行（西日本編）』読売新聞社編、中央公論新社、２００３
『日本の近代土木遺産　現存する重要な土木構造物２０００選』（社）土木学会、２００１
『産業遺産』加藤康子、日本経済新聞社、１９９９
『石炭研究資料叢書』１～27集、九州大学記録資料館、１９８０～２００６
『エネルギー史研究―石炭を中心として―』１～24集、九州大学記録資料館、１９７８～２００６
『Images of Industry COAL』Robin Thornes、RCHM,1994
『ZECHEN Dominanten im Revier』Gunter Streich/Corneel voigt、NOBEL,1999

資料館一覧

沼田町ふるさと資料館　〒０７８－２２０２　北海道雨竜郡沼田町南1条1丁目9－26　TEL ０１６４－３５－２８１３
羽幌町郷土資料館　〒０７８－４１２２　北海道苫前郡羽幌町南町20番地の1　TEL ０１６４－６２－４５１９
アルテピアッツァ美唄　〒０７２－０８３１　北海道美唄市落合町栄町　TEL ０１２６－６３－３１３７　野外彫刻公園
三菱美唄炭鉱記念館　〒０７２－００００　北海道美唄市東美唄町（我路ファミリー公園内）　TEL ０１２６－６８－８２４９　三菱美唄炭鉱関係の資料
美唄市郷土史料館　〒０７２－００２５　北海道美唄市西２条南2丁目2番1号　TEL ０１２６－６２－１１１０
南美唄小学校（人民裁判の絵）　〒０７２－０８２３　北海道美唄市南美唄町下18条3丁目　TEL ０１２６－６３－２３４９　旧三菱美唄炭鉱の労働争議の様子を描いた油彩
星の降る里百年記念館　〒０７５－００１４　北海道北海道芦別市北4条東１－１－３　TEL ０１２４２－４－２１２１
三笠市立博物館　〒０６８－２１１１　北海道三笠市幾春別錦町1丁目２１２－１　TEL ０１２６７－６－７５４５
三笠鉄道記念館　〒０６８－２１４５　北海道三笠市幌内町２丁目２８７　TEL ０１２６７－３－１１２３　三笠市本町にクロフォード公園
歌志内市郷土館ゆめつむぎ　〒０７３－０４０３　北海道歌志内市字本町１０２７番地１　TEL ０１２５－４３－２１３１　大正

期の炭住長屋の一日を再現する炭鉱シアターあり

滝川市美術自然史館（郷土館）〒０７３－００３３ 北海道滝川市新町３－８－20 TEL０１２５－２３－０５０２ 人造石油を展示

夕張市石炭博物館 〒０６８－０４０１ 北海道夕張市高松７－１ TEL０１２３－５２－３４５６ 夕張リゾート（株）運営

小樽市総合博物館 〒０４７－００４１ 小樽市手宮１丁目３番６号 TEL０１３４－３３－２５２３

釧路市立博物館 〒０８５－０８２２ 北海道釧路市春湖台１－７ TEL０１５４－４１－５８０９

太平洋炭鉱展示館 〒０８５－０８０５ 北海道釧路市桜ケ岡３－１－16 TEL０１５４－９１－５１１７ 青雲台体育館に連絡

炭鉱と鉄道館「雄鶴駅」〒０８５－０２４５ 釧路市阿寒町上阿寒 TEL０１５４－６６－２１２１ 阿寒町行政センター

いわき市石炭・化石館「ほるる」〒９７２－８３２１ 福島県いわき市常磐湯本町向田３番地の１ TEL０２４６－４２－３１５５ ウッドピアいわき「フラガール資料館」隣接

みろく沢炭鉱資料館 〒９７３－８４０５ 福島県いわき市内郷白水町広畑２２３ TEL０２４６－２６－６２８２ 渡邊為雄氏の私設資料館

宇部石炭記念館 〒７５５－０００３ 山口県宇部市則貞三丁目－４－１ TEL０８３６－２１－３５４１ ときわ公園内

美祢市歴史民俗資料館 〒７５９－２２９２ 山口県美祢市大嶺町東分字前川２７９番の１ TEL０８３７－５３－０１８９

わかちく史料館 〒８０８－００２４ 北九州市若松区浜町１－４－７ TEL０９３－７５２－１７０７ 石炭積出港の歴史を紹介

中間市歴史民俗資料館 〒８０９－００３４ 福岡県中間市蓮花寺３－１－２ TEL０９３－２４５－４６６５

水巻町歴史資料館 〒８０７－００１２ 福岡県遠賀郡水巻町古賀３－18－１ TEL０９３－２０１－０９９９

直方市石炭記念館 〒８２２－００１６ 福岡県直方市大字直方６９２－４ TEL０９４９－２２－２２４３ 筑豊炭鉱の資料が豊富

飯塚市歴史資料館 〒８２０－００１１ 福岡県飯塚市柏の森９５９－１ TEL０９４８－２５－２９３０

飯塚市穂波郷土資料館 〒８２０－００８３ 福岡県飯塚市秋松４０７－１ TEL０９４８－２９－１１７２

田川市石炭・歴史博物館 〒８２５－０００２ 福岡県田川市大字伊田２７３４－１ TEL０９４７－４４－５７４５ 日本最大級の石炭・歴史博物館

田川市美術館 〒８２５－００１６ 福岡県田川市新町11－56 TEL０９４７－４２－６１６１

ふるさと館おおとう 〒８２４－０５１１ 福岡県田川郡大任町大字今任原１６６６－２ TEL０９４７－４１－２０５５

福岡県立筑豊高等学校石炭資料室 〒８２２－０００２ 福岡県直方市大字頓野４０１９－２ TEL０９４９－２６－０３２４

嘉麻市稲築ふるさと資料室 〒８２０－０２０５ 福岡県嘉麻市岩崎１１４１ TEL０９４８－４２－０７５０

嘉麻市碓井郷土館 〒８２０－０５０２ 福岡県嘉麻市上臼井７６７ TEL０９４８－６２－５１７３

宮若市石炭記念館 〒８２３－０００５ 福岡県宮若市上大隈５７３ TEL０９４９－３２－０４０４ 旧貝島小学校を転用した炭鉱資料館

鞍手町歴史民俗資料館 〒８０７－１３１１ 福岡県鞍手郡鞍手町小牧２０９７ TEL０９４９－４２－７２００

王塚装飾古墳館 〒８２０－０６０３ 福岡県嘉穂郡桂川町大字寿命３７６ TEL０９４８－６５－２９００

山村文化交流の郷　いぶき館　〒838-1702　福岡県朝倉郡東峰村大字福井2296-1　TEL0946-72-2232
　旧宝珠山炭坑クラブ

九州大学附属図書館記録資料館産業経済資料部門　〒812-8581　福岡市東区箱崎6丁目10番1号　TEL092-642-2509　日本最大の石炭資料を抱える

須恵町立歴史民俗資料館　〒811-2114　福岡県糟屋郡須恵町上須恵21-3　TEL092-932-6312　志免鉱業所の資料

志免町歴史資料室・志免町産業遺産収蔵庫　〒811-2244
　福岡県糟屋郡志免町志免中央1丁目2-1　TEL092-935-7100　石炭産業遺跡の発掘品を収蔵

大牟田市石炭産業科学館　〒836-0037　福岡県大牟田市岬町6-23　TEL0944-53-2377　日本最大の炭鉱（三池）を紹介

多久市郷土資料館　〒846-0031　佐賀県多久市多久町1975　TEL0952-75-3002

大町町《おおまちちょう》公民館郷土資料室　〒849-2102　佐賀県杵島郡大町町大字福母2481　TEL0952-82-2177

調川《つきのかわ》民俗資料館　〒859-4536　長崎県松浦市調川町下免136　TEL0956-72-3062

佐世保市世知原《せちばるちょう》炭鉱資料館　〒859-6408　長崎県佐世保市世知原町栗迎83-5　TEL0956-76-2516

崎戸歴史民俗資料館　〒857-2302　長崎県西海市崎戸町蛎浦郷1224-5　TEL0959-35-2113

長崎市高島石炭資料館　〒851-1315　長崎市高島町2706番地8　TEL095-896-3110

長崎市外海《そとめ》町歴史民俗資料館　〒851-2300　長崎県長崎市西出津《しつ》　TEL0959-25-1188

鹿町町《しかまちちょう》歴史民俗資料館　〒859-6204　長崎県北松浦郡鹿町町下歌ヶ浦8-37　TEL0956-77-5251

万田炭鉱館・万田坑ステーション　〒864-0002　熊本県荒尾市原万田地内　TEL0968-64-1300　万田炭鉱館はNPO法人　大牟田・荒尾炭鉱のまちファンクラブが指定管理者として運営。万田坑ステーション（0968-57-9155）は、荒尾市直営

科学技術館　〒102-0091　東京都千代田区北の丸公園2-1　TEL03-3212-8544　3Fに石炭コーリー

＊見学の可否、開館日等は各施設へ直接お問い合わせください。各館のホームページもご覧ください。

ホームページ一覧

産業考古学会
　http://jias.o.oo7.jp/index.html
日本エネルギー学会石炭科学部会
　http://www.jie.or.jp/coal/coal_div.htm
北海道炭鉱遺産ファンクラブ　炭鉱（やま）ナビ
　http://www.tankouisan.com/index.html
北海道文化資源データベース
　http://www.pref.hokkaido.jp/kseikatu/ks-bsbsk/bunkashigen/about.html
くしろ石炭ドットコム
　http://www.946sekitan.com/
釧路産炭地域総合発展機構
　http://www.santankushiro.com/i05.html
雄別の歴史
　http://yuubetsu.net/

そらち　産業遺産と観光
http://www.sorachi.pref.hokkaido.jp/so-tssak/html/index.html
北海道の産業遺産（炭鉱）
http://members3.jcom.home.ne.jp/bighorn3/tankou/tankou.html
炭鉱遺産
http://kazama2.sakura.ne.jp/sakuhin.top.html
みかさ炭鉱の記憶再生塾
http://www13.plala.or.jp/isaya_g/coalmine/coalmine.html
ＮＰＯ炭鉱の記憶推進事業団
http://www.soratan.com/
びばい・炭鉱の記憶
http://page.freett.com/b_kioku
常磐炭田ネットワーク
http://www.jyoban-coalfield.com/
常磐炭田史研究会
http://tankouisan.jp/
宇部・美祢・山陽小野田産業観光推進協議会
http://www.csr-tourism.jp/
九州大学附属図書館記録資料館産業経済史部門石炭研究資料センター
http://www.lib.kyushu-u.ac.jp/libinf/manu_be/
日炭高松炭鉱の記憶
http://members.jcom.home.ne.jp/nittan-takamatsu/
大牟田市石炭産業科学館
http://www.sekitan-omuta.jp/top.html
大牟田・荒尾　炭鉱のまちファンクラブ
http://www.omuta-arao.net/
大牟田の近代化遺産
http://homepage1.nifty.com/yamada/index.html
近代化遺産　国重要文化財・史跡「万田坑」
http://www.city.arao.lg.jp/mandako/
異風者からの通信
http://www.miike-coalmine.org/index.html
九州ヘリテージ
http://www.kyushu-heritage.jp/
三池　終わらない炭鉱の物語
http://www.cine.co.jp/miike/
日本の近代土木遺産（改訂版）
http://www.jsce.or.jp/committee/hsce/2800/index2(2800).htm
鉱業関係データサイト
http://www.yamane-data.jp/index.html
炭鉱札データベース
http://www.lib.fukuoka-u.ac.jp/e-library/tenji/tankousatu/gazou.html
日本石炭公団
http://www10.tok2.com/home2/kurodaiya/

＊このページは、石炭産業遺産の紹介されているＨＰを紹介したものであって、石炭産業遺産（企業財産・私有財産）の無断見学を助長するものではありません。

〈著者略歴〉

徳永博文（とくなが・ひろふみ）
一九六七年、福岡県生まれ。別府大学史学科卒業。（株）福岡中央銀行、福岡県教育委員会発掘調査補助員を経て、一九九二年より福岡県志免町教育委員会（学芸員・考古学）。
〔著書〕『福岡の近代化遺産』（共著、弦書房）

日本の石炭産業遺産

二〇一二年六月三〇日発行

著　者　徳永博文
発行者　小野静男
発行所　株式会社　弦書房
（〒810・0041）
福岡市中央区大名二－二－四三
ＥＬＫ大名ビル三〇一
電　話　〇九二・七二六・九八八五
ＦＡＸ　〇九二・七二六・九八八六

印刷　アロー印刷株式会社
製本　篠原製本株式会社

ISBN978-4-86329-075-4　C0026

北九州の近代化遺産

北九州地域史研究会編　日本の近代化遺産の密集地・北九州市を門司・小倉・若松・八幡・戸畑の５地域に分けて紹介。八幡製鉄所、門司のレトロ地区、関門の砲台群など産業・軍事・商業・生活遺産60ヵ所を案内する。
〈Ａ５判・２７２頁〉**【３刷】２３１０円**

筑豊の近代化遺産

筑豊近代遺産研究会編　日本の近代化に貢献した石炭産業の密集地に現存する遺産群を集成。ひとつひとつの遺産の意味と活用方法がより明確になるように構成。巻末に約300の筑豊の近代化遺産一覧表と近代産業史年表を付す。
〈Ａ５判・２６０頁〉**【２刷】２３１０円**

福岡の近代化遺産

九州産業考古学会編　福岡都市圏部（福岡市内、筑紫・粕屋・宗像・朝倉地域）に存在する57の近代化遺産の歴史的価値と見所をカラー写真と文で紹介。巻頭に各地域の遺産所在地図、巻末に330の福岡の近代化遺産一覧表を付す。
〈Ａ５判・２１０頁〉**【２刷】２１００円**

筑後の近代化遺産

九州産業考古学会筑後調査班編　福岡県の筑後地区には、伝統産業をもとに発展した近代化遺産群が随所に遺されている。繊維・ゴム産業、三池炭鉱、木工業、醸造業、さらに石橋、水車、導流堤などの個性的な近代化遺産を紹介。
〈Ａ５判・２１０頁〉**２１００円**

ポケット判
北九州・筑豊の近代化遺産100選

筑豊近代遺産研究会／北九州地域史研究会編　石炭と鉄、日本の近代化を支えた二つの資源をつなぐ産業遺産をめぐる旅。モデルコースも多数掲載、コンパクトで持ち歩きに便利な近代化遺産ガイド。
〈新書判・１６２頁〉**１５００円**

＊表示価格は税込